S

PRINCIPES

DE

BOTANIQUE.

AVIS DU LIBRAIRE.

LA cherté extraordinaire du papier, celle de la main-d'œuvre n'ont point arrêté l'impression de cet ouvrage en faveur duquel tant de motifs d'utilité publique se réunissaient, mais il a été impossible de le tirer au nombre ordinaire, ainsi les circonstances lui donneront le mérite de la rareté, nous osons croire que les elèves et même les amateurs en botanique lui en accorderont un autre.

Il existe un très-petit nombre d'exemplaires sur beau papier, enluminés très-soigneusement.

Cet ouvrage appartient au libraire qui a rempli les formalités prescrites par la loi pour s'en assurer la propriété.

PRINCIPES
DE
BOTANIQUE

EXPLIQUÉS AU LYCÉE RÉPUBLICAIN

PAR VENTENAT,

Bibliothécaire du Panthéon.

Doctrina vim promovet insitam.

À PARIS,

Chez SALLIOR, successeur de DIDOT jeune, Quai des Augustins, N°. 22.

An 6me de la République Française.

TABLEAU ANALYTIQUE
DES
PRINCIPES DE BOTANIQUE.

CHAP. I. *Des différentes productions de la nature.*

PRODUCTIONS INORGANIQUES.	PRODUCTIONS ORGANIQUES.
Minéraux.	Animaux, végétaux.

CHAP. II. *Organisation des végétaux, définition et fonction de chaque organe.*

ART. I. ORGANES SIMILAIRES.

§. I. ORGANES ISOLÉS.	§. II. ORGANES APPARIÉS.
Fibres, utricules.	Ecorce, bois, moële.

ART. II. ORGANES DISSIMILAIRES.

§. I. ORGANES CONSERVATEURS.

Racines, tiges, feuilles.

§. II. ORGANES REPRODUCTEURS.

FLEURS.		FRUITS.
Organes accessoires.	Calice. Corolle.	Semence, Péricarpe.
Organes essentiels.	Etamines. Pistils.	

CHAP. III. *Germination, accroissement, décroissement, mort du végétal.*

CHAP. IV. *Maladies du végétal.*

CHAP. V. *Reproduction artificielle.*

CHAP. VI. *Différences des organes conservateurs.* *Différences des organes reproducteurs.*

CHAP. VII. *Caractères fournis par la différence des organes.*

CHAP. VIII. *Individus, espèces, variétés, genres, ordres, classes, méthodes.*

CHAP. IX. *Histoire de la botanique.*

CHAP. X. *Méthodes artificielles. Méthode de Tournefort. Système de Linnæus.*

CHAP. XI. *Méthode naturelle, méthode de Jussieu.*

PRÉFACE.

L'OBJET que doit se proposer celui qui développe les principes d'une science, est de recueillir les principales observations et les idées mères qui en forment les élémens, de les réunir, de les rassembler dans leurs rapports les plus essentiels et de les mettre dans un rapprochement tel qu'on en puisse aisément saisir l'ensemble et les proportions.

Deux motifs ont déterminé à publier ce nouveau traité élémentaire. Les progrès et la perfection dont la botanique est redevable à la méthode naturelle, et la nécessité de faire connaître les fonctions des organes des végétaux, avant d'exposer les différences que chacun d'eux fournit.

La méthode naturelle est celle qui, par l'enchaînement qu'elle met dans nos idées, nous fait saisir tous les points communs par lesquels les végétaux sont unis entr'eux. Cette méthode tracée dans l'école du museum national des plantes, et démontrée par un professeur célèbre, fait tous les jours de nouveaux prosélites. Sans doute elle sera adoptée dans les départemens où la nation doit faire refluer ses richesses botaniques et établir de nouveaux jardins pour les cultiver. Les principes sur lesquelles elle est fondée sont exposés dans le *prœmium* qui se trouve à la tête du *Genera* du citoyen Jussieu. Mais cette préface sublime, écrite avec l'élégance et la pureté de style qui distinguent les écrivains du siècle d'Auguste, n'étant pas à la portée du plus grand nombre de ceux qui se proposent d'étudier la botanique, nous avons crû qu'il était utile et même nécessaire de développer dans notre langue les principes qui ont guidé l'auteur dans la recherche des rapports naturels, et dans l'application qu'il en a faite pour la construction de ses familles; de faire connaître les différens degrés de valeur qui résultent de l'étude approfondie des caractères, et de donner l'explication des nouveaux termes dont la science a été enrichie.

L'objet de la botanique étant d'approfondir la nature des végétaux, il s'en suit que la connaissance des fonctions de ces organes est aussi indispensable que l'étude des différences qui sont fournies par chacun d'eux. Quels charmes, quel intérêt peut présenter l'étude de la botanique à celui qui ignore qu'elle est la texture, qu'elles sont les fonctions des parties dont il recherche avec tant de soin la source, le nombre, les proportions, etc ? La satisfaction qu'il goûte, serait sans doute pluspure et plus parfaite s'il pouvait remonter jusqu'aux organes primaires dont elles sont composées ; s'il voyait le suc nourricier préparé dans les entrailles de la terre, pompé par les racines, élevé dans la tige par le moyen des vaisseaux séveux et distribué dans toutes les parties des organes dont elle est le support ; si les feuilles qui excitent notre admiration, par la diversité de leurs formes, et dont nous ne jugeons de l'utilité que par l'ombrage salutaire qu'elles nous procurent, se présentaient à lui comme les principaux organes de la transpiration et de l'inspiration des végétaux ; s'il concevait comment s'opère l'accroissement du végétal, soit en grosseur, soit en hauteur ; en un mot, s'il pouvait se représenter que cet orme antique, dont le sommet semble se perdre dans les nues, n'était dans son principe, c'est-à-dire, contenu dans l'embryon de la semence, qu'une sorte de mucilage ou de gelée végétale, qui a pris peu-à-peu de la consistance, et qui, par l'incorporation des sucs nourriciers, a revêtu cette forme et acquis cette solidité que nous admirons.

Ces connaissances importantes ne sont pas moins nécessaires à l'agriculteur. Les artistes, dans toutes les professions, connaissent non-seulement le nom, mais encore l'usage et les différens emplois des matériaux ou des objets sur lesquels ils exercent leur adresse. N'est-il pas étonnant que l'agriculteur, c'est-à-dire, le citoyen le plus utile, soit le seul qui, victime de préjugés héréditaires et barbares, soit condamné à ignorer jusqu'aux noms des différens organes contenus dans les productions végétales, dont la culture fait néanmoins l'essence de son état. On conçoit que dès lors son génie est enchaîné, qu'il est forcé de suivre toujours une ancienne routine, qu'il lui est impossible de tenter de nouvelles méthodes pour reculer les bornes d'un art qu'il exerce, pour ainsi dire, sans le connaître. Mais si l'usage, les fonctions des diverses parties des végétaux, étaient pour lui des choses familières, alors réunissant les conceptions de la théorie avec l'exercice de la pratique, et donnant un libre cours à son imagination, des découvertes heureuses pourraient devenir le fruit de ses méditations; l'agriculture n'étant plus concentrée dans un cercle étroit d'habitudes, ferait les progrès les plus rapides et la prospérité nationale qui résulte de l'abondance obtiendrait un éclat inconnu jusqu'à nos jours.

L'ouvrage que nous présentons à nos concitoyens peut se diviser en deux parties; dans la première nous avons traité ce qui concerne la physique végétale; c'est-à-dire, l'organisation du végétal et les fonctions de chaque organe; dans la seconde nous avons développé les principes de la botanique; nous les avons considérés sous le double rapport que peut présenter la science envisagée comme purement arbitraire, ou comme conduisant à la recherche des rapports frappans qui unissent entr'eux les végétaux. Pour remplir ces deux objets, nous avons profité des lumières répandues dans les savans écrits des Malpighy,

Duhamel, Bonnet, Linnæus, Adanson, Lamarck, Jussieu, etc. Telles sont les sources où nous avons puisé. On nous excusera d'avoir quelquefois copié ou traduit les auteurs dont nous venons de parler, puisque nous n'hésitons pas d'avouer que si notre travail a quelque mérite, la gloire leur en appartient plus qu'à nous; nous aurons atteint à celle que nous ambitionnons, si nous sommes parvenus à être utiles.

PRINCIPES DE BOTANIQUE.

CHAPITRE PREMIER.

Des différentes productions de la nature.

La nature, par le charme qu'elle a répandu sur ses productions, semble nous inviter à faire quelques efforts pour les connaître.

Les unes sont disséminées sur la surface du globe, les autres renfermées dans son intérieur.

La science ou la connaissance de ces productions porte le nom d'histoire naturelle.

Les anciens avaient distribué en trois règnes les productions de la nature, savoir : le règne animal, le règne végétal et le règne minéral.

Le premier comprenait toutes les productions qui vivent et se meuvent, telles que les hommes, les quadrupèdes, les oiseaux, les insectes, les poissons, etc.

Le second renfermait celles qui vivent, mais qui n'ont pas de mouvement spontané, c'est-à-dire, un mouvement dépendant de la volonté, telles que les arbres, etc.

Le troisième embrassait toutes les substances qui forment la masse du globe, telles que les pierres, les métaux, etc.

Les modernes ont abandonné cette division (1). Ils ont reconnu que, parmi les productions de la nature, les unes étaient douées d'organes, c'est-à-dire, de parties capables d'exécuter telle ou telle fonction, comme le sont, par exemple, les nerfs du corps humain, tandis que les autres en étaient absolument dépourvues.

Les minéraux, sont des substances dépourvues d'organes; ces corps bruts et inanimés ne doivent l'augmentation de leur volume, de leur dimension qu'à l'adhérence plus ou moins forte de leurs parties. Observons qu'il ne faut pas confondre les minéraux avec les fossiles. Ce dernier mot, pris du latin, signifie enfouir, et doit s'appliquer particulièrement aux substances organisées qui sont ensevelies dans la terre; ainsi, c'est dans ce sens qu'on dit bois-fossiles, coquilles fossiles, os fossiles.

Les productions douées d'organes, sont les animaux et les végétaux. La nature a établi entr'eux une grande analogie. L'appareil de leur vie est le même, ils naissent, vivent, croissent, se reproduisent, éprouvent des maladies et succombent également à la mort. Cependant, quoiqu'ils se rapprochent par de-

(1) Jussieu Prœmium, page 2.

grandes propriétés, ils sont assez distincts par leur forme et leur organisation extérieure pour devoir être séparés dans l'étude.

L'animal est un corps organique vivant, sentant et agissant.

Le végétal est un corps organique vivant, mais dépourvu de sentiment et des principaux phénomènes du mouvement spontané.

Toutes les productions de la nature se divisent donc maintenant en productions inorganiques et en productions organiques. Les organiques sont sous-divisées en organiques animales et en organiques végétales.

Il est facile de rapporter à chacune de ces divisions les objets qui lui appartiennent, même en les voyant pour la première fois. Ainsi, par exemple, personne n'hésiterait à classer un lion parmi les productions organiques animales, un chêne, au nombre des productions organiques végétales, et une masse de cristal parmi les productions inorganiques.

Heureux celui qui pourrait étudier la nature entière ! mais le moment de la vie s'écoule si rapidement, les conceptions humaines sont tellement bornées, que l'homme ne peut se livrer à la recherche de toutes les connaissances qui l'intéressent ; et dans le choix qu'il est forcé de faire, les productions organiques végétales, qui sont l'objet de la botanique, semblent solliciter la préférence par l'élégance et la diversité de leurs formes, la variété, la richesse de leurs couleurs, la douceur de leurs parfums, par leur utilité dans les arts, et sur-tout par les secours qu'elles offrent à nos animaux et les ressources que nous en tirons pour notre subsistance.

CHAPITRE II.

Organisation des végétaux. Définition et fonction de chaque organe.

Les végétaux sont doués d'organes, c'est-à-dire, de parties construites et façonnées pour produire un effet particulier. Dans l'animal, par exemple, l'œil est l'organe de la vue, et la langue, celui de la parole. Les organes des végétaux comme ceux des animaux se divisent en organes similaires et en organes dissimilaires. Les similaires sont composés de parties extrêmement simples, et homogènes (de même nature) en apparence. Les dissimilaires sont composés de la réunion des organes similaires.

§. I.

ORGANES SIMILAIRES.

Les organes similaires, peuvent être considérés ou séparément, ou selon la manière dont ils sont combinés dans le végétal. Au premier cas, nous leur donnerons le nom d'or-

Pl. 1.ère

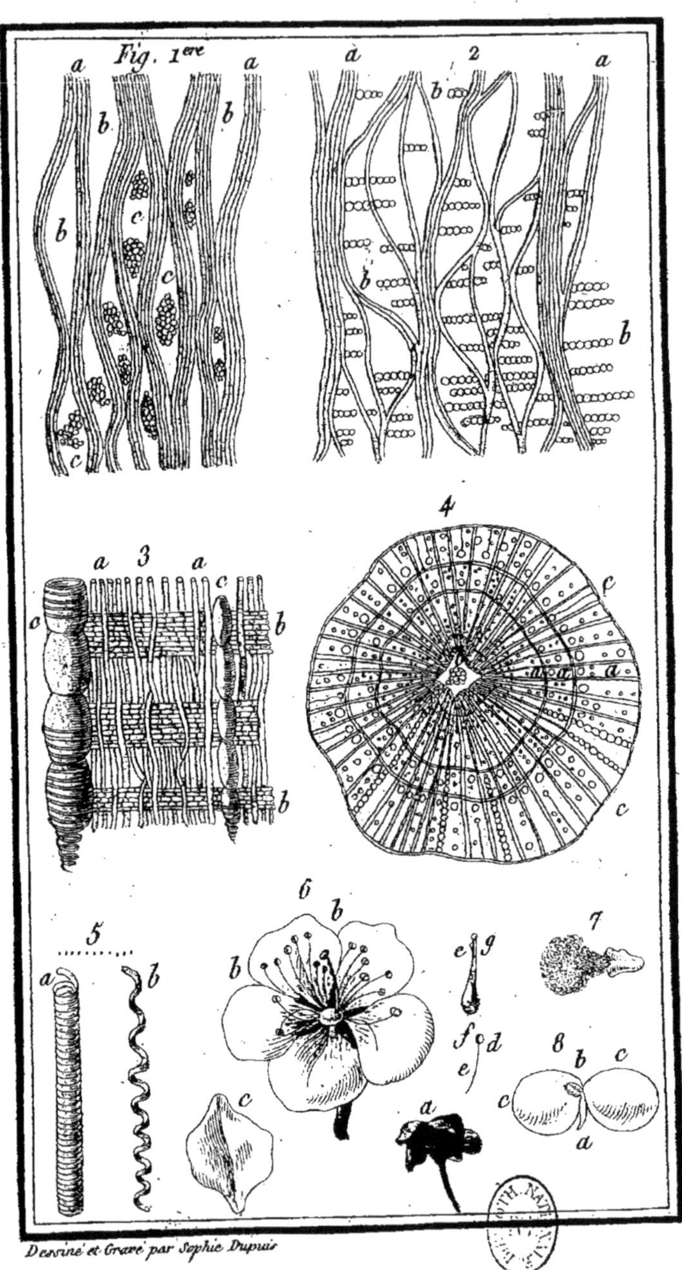

Dessiné et Gravé par Sophie Dupuis

ganes isolés, au second cas, le nom d'organes appariés.

ORGANES ISOLÉS.

Fibres et utricules.

Les fibres et les utricules sont les organes les plus simples qui frappent notre vue lorsque nous considérons la structure interne d'un végétal. La formation de ces organes, ou plutôt les élémens dont ils sont composés, est encore un secret de la nature.

Les fibres sont des filets ligneux, extrêmement minces, que néanmoins quelques botanistes regardent comme des tuyaux ou vaisseaux dans lesquels circulent les fluides des végétaux. En déchirant un morceau de bois ou d'écorce dans le sens de sa longueur, on apperçoit très-aisément ces filets; ils sont dans une direction longitudinale, mais rarement ils s'étendent en ligne droite, (*fig.* 1. *a*) ils vont en serpentant, s'écartent, se rapprochent plus ou moins les uns des autres, se touchent quelquefois à différentes distances et forment un espèce de réseau ou de tissu dont les interstices ou mailles (*b*) sont remplies d'utricules (*c*) (petites outres, petites vessies) qui ne sont pas toutes de même grosseur ni de même figure, et qu'un auteur célèbre a comparées à l'écume qui se forme sur le vin doux, pendant la fermentation. Pour donner une idée de la disposition des fibres et des utricules, Duhamel propose l'exemple d'une claie ; les brins de bois qui ont une direction longitudinale répondent aux fibres ou faisceaux de fibres, et les traverses de la claie qui croisent et unissent par leur entrelassement les brins de bois dans la longueur répondent aux utricules. Ce tissu, qu'on appelle tissu utriculaire, lie les fibres dans les végétaux et peut être comparé au tissu cellulaire qui remplit la même fonction dans les animaux.

ORGANES APPARIÉS.

Ecorce, bois et moële.

Écorce.

L'écorce est formée de fibres (*fig.* 2. *a*) et de rangées d'utricules (*b*) distinctes et presque parallèles. C'est une peau épaisse composée de diverses couches. La plus extérieure est l'épiderme ; on trouve ensuite l'enveloppe cellulaire, ou le parenchyme, puis les couches corticales ou le liber.

L'épiderme est une peau mince qui sert d'enveloppe aux différentes parties des plantes. Il est ordinairement lisse et poli sur le tronc et sur les branches des jeunes arbres, il devient raboteux et crevassé à mesure que l'arbre avance en âge ; il est de différente couleur sur les arbres de différente espèce et même sur différentes parties du même arbre. Il paraît blanc et brillant sur le tronc du boulleau;

boulleau, et plus brun sur les jeunes branches ; gris et cendré sur le prunier ; roux et argenté sur le cerisier.

Enveloppe cellulaire.

L'enveloppe cellulaire est placée immédiatement sous l'épiderme ; c'est une substance ordinairement d'un verd foncé, presque toujours succulente et herbacée ; si on l'examine à la loupe, elle paraît formée d'un nombre prodigieux de filamens très-fins qui s'entrelacent en toutes sortes de directions ; elle ressemble beaucoup à un morceau de feutre dont les poils se croisent en tout sens ; on y découvre aussi un nombre prodigieux d'utricules. Il est facile de l'observer dans le sureau. On peut conjecturer que l'enveloppe cellulaire sert à prévenir le dessechement des parties qu'elle recouvre, et que peut-être elle contribue à la réparation de l'épiderme.

Liber.

On donne le nom de liber ou de couches corticales, aux couches les plus intérieures de l'écorce ; si on fait macérer dans l'eau chaude une écorce d'arbre, ses couches les plus nouvelles se séparent les unes des autres comme les feuillets d'un livre (*liber*), la seule différence observée entre les couches consiste en ce que les mailles du réseau de chacune sont plus grandes à mesure que la couche est plus extérieure, et *vice versá.*

Il est utile d'observer que l'écorce de plusieurs plantes procure de grands avantages dans les arts; les fibres corticales du lin, celles du chanvre servent à faire de la toile; le liber d'un assez grand nombre de plantes sert à la fabrication du papier. Avec d'autres on fait des étoffes. L'écorce du tilleul se tord pour fabriquer des cordes. Le quinquina fournit à la médecine des secours précieux. La cuisine emploie la canelle, enfin c'est avec l'écorce du chêne, ou du sumac que se fait le tan, etc. etc.

Bois.

Quand on a totalement enlevé l'écorce, on apperçoit le bois; c'est un corps solide qui donne de la consistance et de la force aux arbres. Il doit son existence à des paquets de fibres longitudinales (3. *a.*) étroitement unis et agglutinés par le tissu utriculaires (*b*) qui s'y interpose. On divise le bois en aubier ou bois imparfait, et en bois formé ou bois proprement dit.

Aubier.

L'aubier est une jeune couche ligneuse qui n'est encore qu'un bois imparfait, destiné à devenir bois parfait, lorsque, par succession de tems, de nouvelles couches l'auront enveloppé. C'est cette partie tendre que les charpentiers enlèvent lorsqu'ils équarissent les poutres; c'est cette même partie que les chenilles et plusieurs insectes attaquent et rongent. L'aubier ne se trouve bien sensiblement que dans les arbres dont le bois est très-dur; il est moins apparent dans les bois blancs, tels que les saules, les peupliers, etc.

Bois proprement dit.

Le bois proprement dit est comme la charpente du végétal; il est formé de couches qui s'enveloppent et se recouvrent les unes les autres (4. *a.*) ces couches sont très-apparentes dans l'arbre coupé transversalement; d'autant plus dures et plus serrées qu'elles s'écartent d'avantage de l'écorce. On les appelle couches annuelles, parce qu'il s'en forme une nouvelle tous les ans, et que leur nombre fait connaître le nombre d'années du végétal. On les nomme aussi couches concentriques, parce qu'elles ont toutes le même centre et qu'elles ressemblent à-peu-près à des circonférences de cercle inscrites les unes dans les autres.

Moële.

La moële est une substance spongieuse, renfermée dans le centre du bois (*b*) comme dans un tube. Elle est selon Sennebier un composé de vaisseaux très-lâches et d'utricules très-larges. Toutes les plantes dans leur jeunesse commencent par avoir de la moële. Elle est très-abondante dans les plantes herbacées; on la trouve dans les arbres en plus ou moins grande quantité. Il y en a peu dans l'orme, le chêne, le pommier; un peu plus dans le frêne; beaucoup dans le sureau, le figuier. Elle disparaît insensiblement dans les arbres; le tuyau ou canal qui la contient se rétrécit; pressée par les couches ligneuses elle tend à s'échapper, parvient jusqu'à l'écorce et forme alors des lignes qui partent du centre et aboutissent jusqu'à l'écorce. On apperçoit ces lignes sur l'arbre coupé transversalement. Elles ressemblent aux rayons d'un cercle, ou bien aux lignes d'un cadran horaire. Grew les avait appellées autresfois insertions; Daubenton a substitué à cette dénomination celle de prolongemens médullaires (*c*).

§. II.

ORGANES DISSIMILAIRES.

Les organes dissimilaires sont composés non-seulement des organes isolés, mais encore de ceux que nous avons désignés sous le nom d'organes appariés qu'on y trouve en tout ou en partie.

Parmi les organes dissimilaires les uns, savoir, les racines, la tige et les feuilles, contribuent à la conservation du végétal; les autres qui sont les fleurs et les fruits concourent à sa reproduction. Nous diviserons donc les organes dissimilaires en organes conservateurs et en organes reproducteurs.

ORGANES CONSERVATEURS.

Racines, tiges et feuilles.

Racines.

La racine est un organe situé à l'extrémité inférieure de la plante; la racine s'enfonce dans la terre, elle est recouverte ou terminée par des fibres si minces qu'on leur a donné le nom de chevelus ; elle est éminemment douée de la faculté de pomper les sucs nécessaires à la nutrition et à l'accroissement du végétal.

La racine est la première production des semences; elle s'étend d'abord perpendiculairement dans la terre, et si elle n'y rencontre pas quelque lit fort dur qui s'oppose à son allongement elle forme ce que l'on appelle la racine pivotante; mais si elle rencontre du tuf, elle se divise en plusieurs branches latérales.

Les racines sont d'autant plus longues et plus menues qu'elles sont dans une terre plus légère et plus aisée à pénétrer. Elles sont pour cette raison très-longues et très-menues dans la vase, et encore plus dans l'eau.

Les racines ne s'allongent pas dans toute leur étendue, mais seulement par leur extrémité inférieure. C'est une vérité démontrée par l'expérience suivante. Duhamel entoura une racine tendre avec de fils d'argent très-fins, placés à des distances égales ; il marqua avec du vernis coloré sur l'extérieur d'une caraffe, des points, dont chacun répondait à chaque fil d'argent. Tous les fils, excepté ceux qui étaient à l'extrémité répondaient toujours aux points de vernis marqués sur la caraffe, quoique la racine se fut beaucoup allongée. Cette expérience sert à faire connaître pourquoi les racines ne s'allongent plus dès que l'on a seulement retranché la longueur de trois ou quatre lignes de leur extrémité.

Les racines servent à transmettre aux plantes les sucs pompés par les chevelus. Elles servent encore à maintenir le tronc dans une position perpendiculaire au terrein, et elles empêchent les arbres d'être renversés par le vent.

Tige.

Le tronc ou la tige est cette partie du végétal qui s'élève de la racine et qui porte les feuilles, les fleurs et les fruits.

La tige renferme les canaux par lesquels passe la sève nourricière, elle les met en état de résister aux vents, et elle favorise le développement des branches et des boutons.

Il existe un rapport frappant, une correspondance assez exacte entre la racine et la tige ; ces deux organes sont également recouverts d'écorce, et formés de couches ligneuses dont la plus intérieure sert de canal à la moële.

Les fibres ou chevelus dont la racine est parsemée doivent être considérés comme autant de suçoirs à l'aide desquels les fluides pompés dans la terre sont élevés dans la tige pour être ensuite distribués jusque dans les plus petites ramifications.

On distingue dans les végétaux deux espèces de fluides aqueux, l'un est la sève ou le suc nourricier, l'autre le suc propre. Ces fluides circulent dans le végétal par des vaisseaux qui ont une direction longitudinale. Les botanistes ne sont pas d'accord sur la nature de ces vaisseaux. Les uns les considèrent comme de petits canaux formés par la réunion des fibres qu'ils regardent comme solides. Au contraire d'autres croyent que ces vaisseaux ne sont que les fibres qui forment autant de petits tuyaux. L'extrême ténuité des fibres n'a point encore permis de décider quelle est l'opinion conforme à la vérité.

Sève.

La sève ou la lymphe qu'on peut retirer de plusieurs espèces d'arbres et particulièrement de la vigne, de l'érable, du boulleau, du noyer, du charme, etc. est une liqueur simple, sans couleur, sans odeur et peu différente de l'eau. C'est dans le moment où le soleil commence à réchauffer le sein de la terre, que ce suc vivifiant coule à grands flots dans le tissu interne du végétal; alors on voit sortir beaucoup de lymphe de tous les sarmens nouvellement coupés, ou, comme le disent les vignerons, alors la vigne pleure.

Quoique l'effusion de la lymphe n'ait lieu que dans le printems, il ne faut pas en conclure que la sève n'est en mouvement que dans cette saison. A la vérité le mouvement n'est pas aussi précipité, aussi évident pendant l'été, l'automne et l'hiver, il ne se manifeste pas par l'écoulement de la liqueur, mais il n'est pas possible de le révoquer en doute. Les fortes transpirations, occasionnées par les chaleurs de l'été, ne laissant dans les vaisseaux que la quantité de sève suffisante pour la nourriture de l'individu, le mouvement de cette liqueur doit être ralenti; le mouvement est plus marqué en automne, à mesure que la transpiration diminue. Pendant l'hiver le mouvement de la sève paraît suspendu; mais comme les plantes ne laissent pas de faire des productions dans cette saison, c'est une preuve que la sève, quoique moins abondante, est néanmoins en mouvement.

Ne pourrait-on pas encore ajouter que la sève, au moment où elle cesse de s'écouler, change de nature, puisqu'elle s'épaissit aisément et qu'elle forme sur les plaies des arbres une espèce de gelée. Si le nouvel état où se trouve la sève est un obstacle à son effusion, ne peut-on pas croire qu'il est nécessaire qu'elle soit dans cet état pour favoriser le développement des productions nouvelles du végétal.

La grande affluence de la sève est la raison pour laquelle l'écorce se détache aisément dans le printems, tandis qu'elle est fortement appliquée lorsque le temps de la sève est passé.

Il est probable que la sève s'élève en grande partie par les fibres ligneuses, et qu'elle descend également en grande partie par les fibres de l'écorce les plus voisines du bois. C'est une conjecture fondée sur les expériences de plusieurs physiciens, qui après avoir laissé tremper pendant quelque jours, dans une infusion d'encre, des branches de sureau et de figuier, ont vu que la liqueur colorée s'étant élevée le long des fibres ligneuses, commençait à redescendre par l'écorce, ou ce qui revient au même, que la coloration du bois commençait par en bas, et que celle de l'écorce se manifestait d'abord par le haut.

C'est la sève ascendante qui concourt à la formation des bourgeons, et c'est la sève descendante qui développe les racines.

La sève a donc deux mouvemens qu'une foule d'expérience ne permet pas de révoquer en doute.

Si vous faites transversalement une entaille sur un tronc, l'humidité qui découle des bords de la lèvre supérieure prouve le mouvement de descension, et l'humidité qui découle des bords de la lèvre inférieure est une preuve du mouvement d'ascension.

Qu'on fasse une forte ligature à une jeune tige, il s'établira deux bourrelets, l'un plus fort au-dessus de la ligature et l'autre moindre au dessous, ce qui n'aurait certainement pas lieu sans l'existence des deux mouvemens de la sève.

Duhamel ayant greffé un jeune orme sur le

milieu de la tige d'un autre plus grand, coupa, quand l'union fut bien formée, le plus petit de ces deux ormes tout près de la terre. Loin de périr, il continua pendant plusieurs années à pousser des feuilles sur les rameaux et même il acquit de la grosseur. Mais comment le jeune arbre, qui ne recevait plus de nourriture par ses racines, puisqu'il en était séparé, pouvait-il végéter, à moins qu'on ne suppose qu'il était nourri par la sève descendante?

Les physiciens ne sont pas d'accord sur la manière dont s'opère ce double mouvement. Les uns admettent dans la sève une circulation semblable à celle du sang dans les animaux. Selon eux, l'humidité dont les plantes sont nourries monte, au sortir des racines, dans la tige, dans les branches, dans les fruits et dans les feuilles. Pourvue des qualités convenables à chacune de ces parties, elle dépose ce qu'elle a de propre pour leur nourriture et pour leur accroissement; le reste qui leur devient inutile, descend dans les racines pour y recevoir une nouvelle coction, une nouvelle préparation; ensuite le fluide, après s'être uni aux nouveaux sucs que les racines tirent de la terre, remonte dans les parties supérieures des plantes.

Les physiciens qui nient la circulation de la sève, conviennent néanmoins qu'elle est tantôt ascendante, tantôt descendante; mais en admettant l'existence de ce double mouvement, ils ne l'attribuent pas à la même cause.

Selon le sentiment le plus généralement adopté, la sève monte et descend librement par les mêmes vaisseaux suivant des circonstances particulières. Elle est ascendante pendant la chaleur du jour et retrograde lorsque l'air s'est refroidi. Si, comme l'observe Bonnet, après avoir coupé, dans la belle saison, une branche d'arbre, on adapte au tronçon un tube de verre qui contienne du mercure, on verra la sève élever le mercure pendant le jour et le laisser tomber à l'approche de la nuit. La marche de la sève, dans la belle saison, ressemble donc assez à celle de la liqueur d'un thermomètre, l'une et l'autre dépendent également des alternatives du chaud et du froid. Une partie du suc nourricier qui s'élève par les fibres ligneuses passe par les feuilles et les fleurs dans l'écorce, delà dans la racine. Une autre partie de ce suc retourne par les mêmes vaisseaux vers la racine, d'où elle repasse encore dans la tige. Par ce balancement qui se répète plus ou moins, le suc grossier reçoit déjà une sorte de préparation, il se perfectionne dans des vaisseaux déliés et dans les utricules; le superflu s'échappe par les feuilles.

Suc propre.

Le suc propre est ainsi nommé parce qu'il est particulier à chaque végétal; c'est une liqueur composée, qu'on reconnaît à sa couleur, à son odeur et à sa substance. Ce suc est contenu dans ces vaisseaux, qu'on appelle vaisseaux propres, et dont la direction est longitudinale. Ordinairement il a la couleur de l'eau; il est quelquefois coloré; il est blanc comme du lait dans la laitue, le figuier; jaune dans la chélidoine; verd dans la pervenche; gommeux dans le cerisier, le prunier; résineux dans les pins et les sapins. Observons que la gomme et la résine sont des sucs propres de nature différente; l'un se dissout dans l'eau, l'autre n'est soluble que dans l'esprit de vin.

C'est dans le suc propre que résident la saveur et la vertu des plantes. Celles qui ont peu de suc propre ont peu de vertus. Le suc propre coule plus abondamment dans les grandes chaleurs que par un air frais, et son cours est comme suspendu pendant les temps froids.

Air.

Outre les fluides dont nous venons de parler et qui sont des fluides aqueux, il en est un autre, d'une nature différente, non moins nécessaire à la vie des végétaux qu'à celle des animaux; c'est l'air qui circule dans des vaisseaux élastiques et roulés en spirales, ils se nomment trachées; ils reçoivent et transmettent l'air nécessaire à la préparation et au mouvement des humeurs. Ils sont placés dans les jeunes branches à la partie qui doit devenir ligneuse et c'est là qu'on les voit en grand nombre. Ils paraissent sous la forme d'une lame argentine roulée en vis de tire-bouchon. Pour en avoir une très-juste idée, figurons-nous un ruban roulé sur un bâton bien rond ; si on tire avec soin le bâton, le ruban en conservera la forme et restera creux en dedans comme un véritable tuyau (5. *a.*). Et si on tire ce ruban par un des bouts il se déroulera et prendra en s'allongeant la forme d'un tire-bouchon (5. *b.*). Enfin si après avoir allongé cette lame on l'abandonne à elle-même, elle reprendra bientôt sa situation première. (*fig.* 5. *et fig.* 3. *c.*) Plusieurs botanistes pensent que ces trachées ne contiennent que de l'air et qu'elles servent de poumons aux plantes; d'autres supposent qu'elles contiennent quelquefois des liqueurs. Il est probable qu'une partie de l'air qui est contenu dans les végétaux s'y introduit par leurs pores, conjointement avec l'humidité des rosées et les vapeurs de l'atmosphère qu'ils inspirent.

Nutrition.

Plusieurs physiciens ont cru que les organes qui opèrent la première préparation de la sève résidaient dans les plantes mêmes; ils ont pensé que l'estomach des plantes, je me sers de leur expression, était situé entre les racines et les tiges. Ce sentiment ne peut plus être soutenu, et il paraît plus naturel de croire avec d'autres physiciens que la première préparation de la sève se fait dans la terre même, où l'eau dissout les parties qui peuvent servir à la nourriture des végétaux.

Les végétaux ne se nourrissent pas seulement des sucs pompés par les racines, ils se nourrissent encore des vapeurs qui flottent dans l'atmosphère. En effet, nous voyons des arbres grands et vigoureux croître sur des rochers qui ne sont recouverts que d'une couche de terre peu épaisse. Il faut donc que d'autres organes, outre la racine, concourent par le moyen de l'inspiration ou inhalation à entretenir la vie végétale. Mais cette grande abondance de suc deviendrait nuisible si une partie n'était évacuée. La nature a tout prévu en donnant aux végétaux la faculté d'émètre par la transpiration les liqueurs surabondantes.

On s'est assuré, par des calculs exacts, que la plante appellée soleil transpire, dans un tems donné, et à masses égales, dix-sept fois plus qu'un homme. On ne sera pas surpris de cette différence, si l'on réfléchit que la nature a donné aux animaux plusieurs conduits excrétoires dont les plantes sont privées.

Plusieurs parties du végétal contribuent à la transpiration et à l'inspiration, mais ces deux fonctions s'exécutent principalement par les feuilles.

Feuilles.

Les feuilles sont une expansion ou prolongation de l'écorce de la tige. Si vous les disséquez, vous trouverez qu'elles sont couvertes d'un épiderme, et formées par une grande quantité de vaisseaux et beaucoup de tissu utriculaire. On y découvre des trachées, et la présence des vaisseaux propres s'y manifeste aussi par l'odeur, la saveur, et souvent par la couleur des sucs qu'ils contiennent.

Les feuilles sont contenues dans des boutons ou petits corps plus ou moins arrondis qui naissent en été sur les branches des arbres et des arbustes ; ces boutons sont formés par des espèces d'écailles creusées en forme de cuiller, et qui se recouvrent les unes les autres. En examinant les boutons pendant tous les mois de l'hiver et au commencement du printems on apperçoit que les parties qui y sont contenues se développent insensiblement et se disposent à paraître lorsque les boutons s'ouvriront. A mesure que le développement des boutons s'opère, les écailles extérieures tombent, on voit paraître de petites feuilles, et l'on peut remarquer que dans les différentes espèces d'arbres, elles ne sont pas toutes disposées de la même façon dans l'intérieur des boutons.

La plupart des feuilles sont attachées à la plante par une queue à laquelle on donne le nom de pétiole. Les pétioles sont recouverts extérieurement par l'épiderme et l'on apperçoit, dans l'intérieur, des vaisseaux de toute espèce et quelquefois beaucoup de tissu utriculaire. Si l'on examine les pétioles par l'extrémité qui tient à la feuille, on verra que tous les vaisseaux qui étaient en quelque façon serrés les uns contre les autres dans la longueur du pétiole se distribuent en plusieurs gros faisceaux d'où partent encore d'autres faisceaux moins gros. Ceux-ci donnent naissance à d'autres, et par des divisions et des subdivisions répétées, il se forme une prodigieuse quantité de ramifications qui s'anastomosent mutuellement, se soudent en une infinité de points, et forment un réseau qui constitue le squelette des feuilles.

Les feuilles ont deux plans ou surfaces qui diffèrent beaucoup. La surface supérieure, ou celle qui regarde le ciel est ordinairement lisse, lustrée et ses nervures sont peu saillantes. La surface inférieure, ou celle qui regarde la terre est pleine de petites aspérités, ou garnie de poils. Ses nervures sont saillantes, et sa couleur, toujours plus pâle que celle de la surface supérieure, n'a pas beaucoup de lustre. La disposition de ces deux surfaces est constante et invariable. En effet si on renverse une branche pour changer l'aspect des deux surfaces des feuilles on verra qu'elles ne tarderont pas à reprendre leur première situation.

Transpiration et inspiration.

Ces deux surfaces sont parsemées de pores de deux espèces; les premiers appellés pores exhalans ou pores excrétoires sont destinés à la transpiration, c'est-à-dire, à évacuer les sucs surabondans; les autres appellés pores inhalans ou pores absorbans sont construis de manière à pouvoir pomper ou inspirer les vapeurs qui s'élèvent du sein de la terre, pour les transmettre dans l'intérieur de la plante et les faire refouler jusque dans les racines. Les pores exhalans sont ordinairement très-abondans

abondans à la surface supérieure ; et les pores inhalans se trouvent en plus grande quantité à la surface inférieure, ce qui explique d'avance le résultat de l'expérience que nous allons citer.

Placez dans un vase rempli d'eau une feuille de mûrier blanc, de manière que sa surface supérieure touche l'eau, cette feuille ne tardera pas à se flétrir, parce que la transpiration sera arrêtée. Placez au contraire une feuille du même arbre de manière que la surface inférieure touche l'eau, cette feuille se conservera très-verte pendant plusieurs mois, parce que les pores inspirans exécuteront librement leurs fonctions.

On trouve souvent sur les feuilles des petits corps vésiculeux arrondis ou ovales, appellés glandes, qui contiennent une liqueur plus ou moins visqueuse et qui sont probablement les organes de quelques sécrétions. Puisqu'il est certain, comme l'observe Bonnet, dont nous empruntons les expressions, que les végétaux tirent l'humidité ou la nourriture par leurs feuilles, ne peut-on pas dire qu'ils sont aussi plantés dans l'air à-peu-près comme ils le sont dans la terre ? Les feuilles sont aux branches ce que les chevelus sont aux racines. L'air est pour les feuilles un terrein fertile où elles puisent des nourritures de toute espèce. La nature a donné beaucoup de surface à ces racines aériennes, afin qu'elles pussent rassembler plus de vapeurs et d'exhalaisons ; les poils dont elles sont pourvues arrêtent ces sucs, peut-être même sont-ils des espèces de suçoirs, qui transmettent à la plante une portion nécessaire des rosées, des brouillards et des pluies, pour suppléer dans certaines circonstances aux sucs que la terre ne peut leur fournir. Ne peut-on pas croire aussi à l'égard des plantes grasses, que la perpétuité de leur végétation dans un terrein maigre et sec est due à leur peu de transpiration.

Le suc nourricier qui pendant le jour passe des racines dans le tronc, par les fibres ligneuses, aidées de l'action des trachées, est porté principalement à la surface supérieure des feuilles, où les ouvertures qui lui permettent de s'échapper se trouvent en plus grand nombre. A l'approche de la nuit, la chaleur n'agissant plus sur les feuilles ni sur l'air contenu dans les trachées, le suc retourne vers les racines; alors la surface inférieure des feuilles commence à exercer son autre fonction. La rosée s'élevant lentement de la terre rencontre cette surface, elle y est condensée par la fraîcheur de l'air; les petits poils et les inégalités de cette surface retiennent la vapeur, de petits tuyaux, ménagés à dessein, la pompent à l'instant et la conduisent dans les branches, d'où elle passe ensuite dans le tronc.

On voit par cette esquisse de la théorie du mouvement de la sève, que les feuilles ont beaucoup de rapport dans leurs usages avec la peau du corps humain. Celle-ci a, comme les feuilles, des vaisseaux excrétoires, qui sont les organes de la transpiration. Elle a pareillement des vaisseaux absorbans qui pompent les vapeurs qui sont à la surface et aux environs du corps, et qui les conduisent dans son intérieur; telle est la cause de l'augmentation de notre poids après le bain.

Les découvertes dont nous venons de parler touchant les feuilles, ne sont pas simplement curieuses, elles peuvent encore devenir fort utiles à la pratique du jardinage et de l'agriculture.

Puisque les feuilles servent à-la-fois à élever le suc nourricier et à en augmenter la masse, on a un moyen très-simple d'augmenter ou de diminuer la force d'une branche dans un arbre fruitier. On l'augmente en laissant à cette branche toutes ses feuilles et en retranchant une partie de celles des branches voisines; on la diminue par le procédé contraire.

On parvient, par le même moyen, à détourner le cours de la sève du côté qui paraît le plus convenable. Ainsi, lorsqu'un arbre en espalier montre trop de disposition à s'élever, on en prévient les suites en déchargeant les branches les plus élevées d'une partie de leurs feuilles.

C'est une maxime reçue, qu'il est utile d'arroser la tête des arbres fruitiers; mais comme les arrosemens ne mouillent que la surface supérieure des feuilles, moins propre que la surface inférieure à pomper l'humidité, ne serait-il pas plus convenable d'arroser aussi la superficie du terrein? L'humidité qui s'en éleverait pendant la nuit, irait s'attacher à la surface inférieure des feuilles, qui la transmettraient à l'intérieur de l'arbre.

ORGANES REPRODUCTEURS.

Fleurs et fruits.

Les racines, les tiges, les feuilles, concourent à la conservation du végétal; les fleurs et les fruits, dont nous allons nous entretenir, ont des fonctions plus importantes, puisque c'est par ces organes que s'opère la reproduction.

Fleurs.

Calice, corolle, étamines, pistil.

Les rudimens des fleurs, de même que ceux des feuilles, sont contenus dans des petits corps, auxquels on donne également le nom de boutons. Dès que le mouvement de la sève devient sensible, ces boutons s'ouvrent, les écailles extérieures tombent, les intérieures acquièrent de l'étendue; mais peu après elles se détachent, et c'est alors que les fleurs s'épanouissent.

Avant de donner une définition de la fleur, il est à propos de faire connaître les organes dont elle est ordinairement composée. Prenons pour exemple une fleur de prunier ou de cerisier; examinons toutes ses parties, en commençant par la plus extérieure, et développons en même temps chacune de leurs fonctions.

Nous trouverons, 1°. une enveloppe verdâtre, à laquelle on donne le nom de calice (6. *a.*); les calices sont formés par un épanouissement ou un renflement des pedoncules ou des branches qui soutiennent les fleurs. On ne peut pas regarder les calices comme une partie essentielle des fleurs, puisqu'on en voit plusieurs qui n'ont point de calice, et qui néanmoins produisent des fruits ou des semences bien formés. En examinant l'organisation des calices, on voit qu'ils sont, pour la plus grande partie, formés par le tissu cellulaire; mais quand on y prête un peu d'attention, on ne laisse pas d'y appercevoir des vaisseaux lymphatiques et des vaisseaux propres, le tout recouvert d'un épiderme.

2°. Une seconde enveloppe colorée, qu'on appelle corolle (*b.*). Elle est formée de cinq pièces, auxquelles on donne le nom de pétales. (*c.*) Cette seconde enveloppe n'existe pas dans toutes les fleurs, par exemple dans l'épinard, l'ortie, le mûrier; et comme ces fleurs donnent des semences bien conditionnées, on doit conclure que les pétales ne sont pas absolument nécessaires à la fructification.

La corolle tire son origine du liber; quant à son organisation, on ne peut y méconnaître le tissu cellulaire; quand on a laissé tremper un pétale dans l'eau pendant quelques jours, on y apperçoit très-sensiblement des paquets de vaisseaux qui se ramifient. On distingue parmi ces vaisseaux beaucoup de trachées. L'odeur de certains pétales et le suc propre qui en découle, ne permettent pas de douter qu'ils ne contiennent des vaisseaux propres; enfin toutes ces parties sont recouvertes d'un épiderme.

3°. On remarque dans l'intérieur de la fleur vingt à trente filaments (*d*), allongés et terminés par une petite masse qui répand le plus souvent une poussière jaunâtre. Chaque filament et chaque petite masse, pris ensemble, portent le nom d'étamine ou d'organe mâle. L'étamine est donc formée de deux parties, savoir d'un filament et d'une petite masse à laquelle on donne le nom d'anthère. Le filament est une espèce de support dont l'existence n'est pas absolument nécessaire. L'anthère est une petite bourse qui renferme la poussière fécondante (*pollen*), ou pour mieux dire des petits globules dans lesquels est contenu le fluide spermatique, c'est-à-dire, la partie la plus subtile de la semence mâle. Dans la fleur du prunier, l'anthère est formée de deux petites capsules, presque arrondies et divisées suivant leur longueur par une rainure longitudinale.

Un rayon de soleil un peu vif accélère l'ouverture des anthères, et Duhamel pense que cette ouverture s'opère par un raccourcissement subit des fibres de l'anthère, et par une méchanique presque semblable à celle qui fait jaillir les semences de la balsamine; ce qu'il y a de certain, c'est que ses sommets s'ouvrent ordinairement par une secousse qui fait jaillir beaucoup de poussière ; on peut la voir comme un brouillard au lever du soleil sur des champs de bled en fleur ; elle sort du cyprès en si grande abondance qu'on la prend quelquefois pour de la fumée.

Les grains de cette poussière sont organisés ; on peut s'en assurer avec le microscope, et se procurer en même temps un très-joli spectacle : si l'on met certaines poussières d'étamine, par exemple celles de la valériane, sur une glace soumise au foyer d'une forte lentille, on en appercevra quelques-unes qui créveront par le bout, comme une petite bombe, et l'on en verra sortir une liqueur comparable à de la salive, dans laquelle on découvre obscurément de petits grains. (*fig.* 7.)

B. de Jussieu, en mettant des grains de certaine poussière sur l'eau, les voyait courir sur le fluide, se fendre par le côté et laisser échapper un jet de liqueur, qui nâgeait et s'étendait sur la surface de l'eau comme une goute d'huile sans s'y mêler ; les globules parurent ensuite vuides, semblables à des vessies crevées et sans mouvement. Cette observation prouve que la partie essentielle de l'étamine, est cette liqueur qu'on peut appeller esprit vital.

4°. Enfin, dans le centre de la fleur réside un organe qui porte le nom de pistil ou organe femelle. (6. *e.*) Cet organe est formé de trois parties, savoir la plus inférieure, qui est renflée et qu'on nomme germe ou ovaire, parce qu'elle contient l'embryon ou le petit œuf de la plante. Cet ovaire est surmonté d'un filet creux ou spongieux dans l'intérieur, appellé style, dont la partie supérieure porte le nom de stygmate. Lorsque le pistil est parvenu à son développement complet, la surface du stygmate est humectée d'un suc un peu glutineux, qui retient les globules lancés de l'anthère; ces globules s'entrouvent et le fluide spermatique en sort. Ce qu'il y a de plus subtil dans ce fluide traverse les vaisseaux du style, pénètre jusqu'à l'embryon et lui donne une nouvelle vie, puisque celle dont il jouissait n'était que conditionnelle, c'est-à-dire, dépendait de l'événement du cas où la poussière fécondante parviendrait ou ne parviendrait pas jusqu'à lui.

D'après ce que nous venons d'exposer sur les fonctions des parties de la fleur, il est évident que ses organes ne sont pas tous de la même importance; en effet, le calice qui sert de berceau à la fleur, et la corolle qu'on peut comparer au lit où se célèbrent les nôces, ne contribuant en rien à la fécondation, ne doivent être regardés que comme des organes accessoires, tandis que les étamines et le pistil, qui concourent ensemble à la reproduction, sont vraiment des organes essentiels; mais ces organes n'existent pas toujours ensemble dans la même fleur. Par exemple, nous trouvons dans le melon, dans le concombre des fleurs qui n'ont que l'organe mâle, tandis que d'autres n'ont que l'organe femelle. Quelquefois même les organes sexuels existent séparés sur des individus distincts, comme dans l'épinard, le chanvre, où un pied porte les fleurs mâles et un autre pied les fleurs femelles. Dans ces deux cas, l'air ou le vent servent de véhicule à la poussière fécondante, qui est transportée des étamines de l'individu mâle sur les pistils de l'individu femelle.

Ces notions une fois comprises, nous croyons pouvoir hazarder une définition de la fleur. On doit entendre par fleur, les organes de la fécondation, réunis ou séparés, rarement nuds, plus souvent ceints d'une ou de deux enveloppes.

Cette définition de la fleur, est fondée sur une vérité qu'il n'est pas possible de révoquer en doute; savoir, que les étamines et les pistils sont les seuls organes de la fleur indispensablement nécessaires à la fructification; en effet, toutes les observations s'accordent à établir, 1°. qu'il existe des fleurs qui, quoique dépourvues ou de calice ou de corolle, et quelquefois de ces deux organes, produisent néanmoins des fruits et des semences bien formées.

2°. Qu'il n'y a aucune plante capable de donner de bonnes semences, si elle n'est pourvue d'étamines et de pistils, (quelque soit leur nombre) réunis dans une même fleur ou séparés.

3°. Que lorsque par une monstruosité, qui

arrive aux fleurs doubles, toutes les étamines se trouvent converties en pétales, alors ces fleurs ne donnent point de semences.

4°. Que si l'on retranche à dessein les étamines, avant que leurs anthères soient ouvertes, les fruits avortent ou ne donnent point de semences fécondées, c'est-à-dire, qui puissent lever.

5°. Que les embryons avortent pareillement quand on retranche le style et le stygmate aussi-tôt que les fleurs sont épanouies, ou si l'on enduit seulement le stygmate de quelque matière grasse capable d'empêcher le contact de la poussière des étamines.

Les pluies abondantes qui surviennent dans le temps de la floraison font couler les fruits et particulièrement ceux de la vigne, ce qui paraît provenir de ce que l'humidité altère la puissance fécondante des étamines.

Fruits.

Péricarpe, semence.

Le calice, la corolle, les étamines et le pistil se flétrissent ordinairement après la fécondation. La nourriture que ces organes tiraient de la plante, se porte sur le germe fécondé, qui prend son accroissement et devient ensuite un fruit parfait. Le fruit n'est donc que l'ovaire ou le germe qui a survécu aux autres organes de la fleur, et que la maturité à grossi et développé. Les agriculteurs disent que le fruit est noué, lorsque la fleur est passée et que le fruit commence à grossir ; s'il avorte, ils disent qu'il a coulé, et lorsqu'avant la maturité il commence à changer de couleur, ils disent que le fruit tourne. Il faut distinguer dans le fruit l'enveloppe et la graine ; l'enveloppe se nomme péricarpe, (*autour de la semence*) et la graine qui change ordinairement son nom en celui de semence.

Le péricarpe est cette partie du fruit qui enveloppe et défend les semences ; par exemple, dans la noisette, la partie ligneuse qui renferme la semence est le péricarpe.

La semence est cette partie essentielle du fruit qui contient les rudimens d'un nouvel individu ou d'une nouvelle plante parfaitement semblable à celle par qui elle a été produite. C'est ainsi que l'œuf, auquel on peut comparer la semence, renferme les rudimens d'un nouvel individu ou poussin parfaitement semblable à l'oiseau auquel il doit sa naissance.

Quand on réfléchit sur le nombre infini de semences que produisent la plupart des végétaux, on ne peut s'empêcher de reconnaître qu'une des principales vues de la nature est de multiplier les espèces ; mais pour avoir une idée précise de l'immense fécondité des plantes, il faut suivre par le calcul ce qu'une semence peut produire après la révolution de plusieurs années. En supposant par exemple, que toutes les graines produites par un orme durant sa vie, qui s'étend au-delà d'un siècle, eussent produit chacune un arbre aussi fécond ; et ainsi successivement de générations en générations, on pourrait conclure qu'une seule de ces semences pourrait, après la révolution de plusieurs siécles, fournir de quoi couvrir la terre des seuls arbres de son espèce. La fécondité des végétaux ne se borne pas à l'ordre naturel des semences qui peut être comparé à celui de la multiplication des animaux, ils ont encore pour se multiplier des voies et des ressources, dont presque tous les animaux sont privès; ils renferment dans toutes leurs parties des germes invisibles qui se développent avec autant de facilité que d'abondance; qu'on étête un arbre, qu'on retranche toutes ses branches, qu'on retranche même la totalité de son tronc, bientôt, par le développement des germes cachés, il réparera ses pertes et se garnira de nouvelles branches; ces branches produiront une foule de rameaux qui ne tarderont pas à se recouvrir de fleurs et de fruits.

La semence est composée de plusieurs parties qu'il faut distinguer avec soin. Avant de les détailler examinons une semence quelconque, par exemple celle du haricot; après en avoir ôté la tunique ou peau extérieure, faisons éclater la semence en deux parties en y introduisant adroitement une pointe par un des côtés dans le sens de la longueur, nous verrons que ces deux parties emboitaient à leurs bases un petit corps dans lequel on distingue aisément deux portions, l'une cylindrique, dirigée à l'extérieur, et l'autre plus intérieure, un peu applatie, formée de deux lames presque collées l'une contre l'autre. l'ensemble de toutes ces parties ainsi recouvert par la membrane extérieure porte le nom d'embryon ou de plantule, c'est-à-dire petite plante, parce qu'il est l'abrégé de la plante, ou la plante en mignature. Cet organe, pour qui seul semble exister tout l'appareil de la fleur est donc formé de plusieurs parties qu'on appelle radicule (8. *a*), plumule (*b*), lobes ou cotylédons (*c*).

La radicule (*a*) est le rudiment de la racine. C'est la partie inférieure et extérieure de l'embryon, d'où doivent sortir les petites racines qui puiseront dans le sein de la terre les sucs propres à la nourriture du végétal.

La plumule (*b*) est le rudiment de la tige, c'est cette partie intérieure de l'embryon placée entre les lobes qui doit pousser hors de terre. La destination de la radicule et celle de la plumule sont si différentes que si l'on place une semence en terre de manière que la radicule soit élevée et la plumule abaissée, elles ne tarderont pas à reprendre l'une et l'autre la direction déterminée par la nature.

Les lobes (*c*) qui sont ordinairement la partie la plus volumineuse de l'embryon, consistent en deux corps charnus, convexes à l'extérieur et appliqués l'un sur l'autre par leur surface intérieure, mais qui ne se tiennent réellement que par un point commun placé tantôt latéralement, tantôt vers l'une des extrémités.

Ainsi dans le haricot, de la semence duquel nous avons examiné l'intérieur, les deux parties qui ont été séparées sont les deux lobes ou cotyledons; quant au petit corps emboîté entre les lobes, la portion la plus intérieure, celle qui est formée de deux lames presque collées, est la plumule; et celle qui est cylindrique et placée à l'extrémité extérieure porte le nom de radicule.

Dans les haricots, de même que dans beaucoup d'autres plantes, l'embryon occupe tout l'intérieur de la semence; mais il en est d'autres dans lesquelles on trouve encore un corps tantôt farineux, comme dans le bled sarazin, tantôt corné, comme dans le café. Ce corps, qui n'est pas toujours de la même nature, est appellé par plusieurs botanistes périsperme (autour embryon); d'autres lui donnent le nom d'albumen, parce qu'il paraît remplir, dans l'œuf végétal, les mêmes fonctions que le blanc ou albumen dans l'œuf animal.

Tant que la semence n'est point déposée dans le sein de la terre, toutes ses parties sont dans un repos parfait. L'existence ou la faculté de vivre est comme suspendue dans l'embryon, et elle s'y conserve même quelquefois très-longtemps; mais dès que l'humidité, l'air et la chaleur ont donné une première impulsion, un premier mouvement aux tendres organes de la plantule, alors elle commence à jouir d'une vie active; alors s'opère un développement de toutes les parties de la semence, alors commence la germination.

Résumons ce qui vient d'être exposé dans ce chapitre. Les organes similaires des plantes sont de deux espèces. Les fibres et les utricules que nous avons distingués sous le nom d'organes isolés; et la moële centrale, le bois environnant et l'écorce, que nous avons nommés organes appariés, parce qu'ils sont formés par la combinaison des organes isolés.

Les organes dissimilaires sont formés par le concours des précédens; les uns, savoir la racine, la tige, les feuilles entretiennent la vie de la plante; ils sont nommés organes conservateurs; les autres tels que la fleur et le fruit servent à la propagation; ils sont appellés organes reproducteurs.

La racine pompe et prépare les sucs de la terre, la tige les reçoit et les porte aux divers organes dont elle est le support. Les feuilles exhalent les parties surabondantes de ces sucs, et pompent une partie de l'humidité de l'atmosphère. Les fleurs, qui ne sont autre chose que les organes sexuels, recouvertes de leurs enveloppes, préludent à la génération de nouveaux individus.

CHAPITRE III.

Germination, accroissement, décroissement, mort du végétal.

Germination.

La germination est l'acte, au moyen duquel la plante sort de la graine ou semence qui la contient, quand celle-ci se trouve dans des circonstances propres à produire cet effet. Par exemple, si on dépose une semence d'orme dans la terre, l'humidité ne tardera pas à pénétrer; la chaleur y excite une légère fermentation; l'air en se dilatant, fait éclater l'enveloppe qui tenait les deux lobes unis. La radicule s'implante dans la terre, la plumule s'élève et la semence est germée. Mais la radicule n'est point encore assez forte pour pomper les sucs qui doivent nourrir la plante; la nature a pourvu à sa faiblesse en donnant à l'embryon deux lobes qui font les fonctions de mamelles, entretiennent, augmentent les principes de la vie végétale, et ne se flétrissent qu'au moment où les sucs pompés par la radicule peuvent circuler dans la jeune plante. C'est alors que le végétal s'accroît insensiblement; la tige se forme et produit des boutons, qui sont ces petits corps arrondis et un peu allongés, composés d'espèces

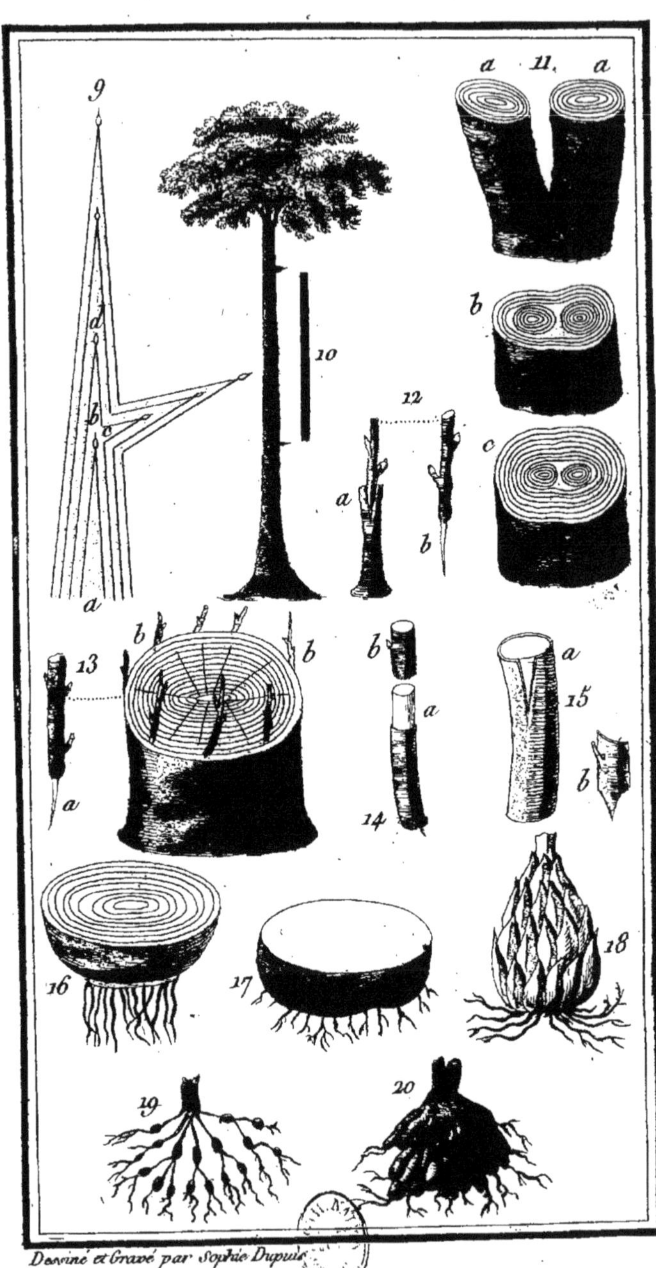

Dessiné et Gravé par Sophie Dupuis

pèces d'écailles serrées les unes contre les autres, et formant une espèce de berceau qui met les jeunes parties de la plante à l'abri des rigueurs de l'hiver. Les rameaux se développent, un feuillage éclatant compose leur parure et les fleurs s'épanouissent. Ainsi, par exemple, l'orme qui, dans son principe, c'est-à-dire contenu dans l'embryon, n'était qu'une sorte de mucilage ou gelée végétale, prend peu-à peu de la consistance, et par l'incorporation des sucs nourriciers acquiert cette forme et cette solidité que nous admirons.

Mais comment s'opère, dans les arbres, cet accroissement, soit en grosseur, soit en hauteur ?

La plumule en se développant s'allonge en tige; la nouvelle plante, encore pour ainsi dire dans son enfance est tendre et herbacée. Quelquefois, en sortant de terre, elle entraîne avec elle les restes des téguments qui l'enveloppaient dans l'état d'embryon ; d'autres fois elle est accompagnée de deux feuilles, appellées feuilles séminales, très-différentes, par leur tissu et leur forme, des feuilles qui doivent l'orner, dans l'âge mûr. Elle prend peu-à-peu de la consistance. Le corps ligneux se durcit dans l'intérieur et à la fin de l'automne qui l'a vu naître, la jeune plante constitue un petit arbre, recouvert extérieurement d'une écorce bien formée. Sous cette écorce, est un petit cône ligneux (9. *a.*), qui est creux et dans lequel est la moëlle ; ce cône est ordinairement terminé par un seul bouton (*b*), qui paraît à l'extrémité de la tige et d'où doit sortir la nouvelle pousse, qui en s'élançant perpendiculairement forme la tige principale, pendant que des boutons, qui prennent des directions obliques, forment les branches latérales ou les rameaux (*c*). Bientôt un nouveau cône, terminé par son bouton particulier (*d*), recouvre le cône ancien, et successivement de nouvelles couches produites chaque année, soit sur la tige principale, soit sur les rameaux, recouvrent les précédentes couches, et donnent naissance à autant de bourgeons. Ces couches épaisses, que l'on regarde comme le résultat de l'accroissement d'une année, sont elles-mêmes composées d'un nombre de couches infiniment minces qui se forment successivement, et pendant toute la durée de la sève.

Les plantes herbacées ont aussi leurs parties ligneuses ; on voit sous leur écorce tendre un cylindre d'une matière moins colorée, plus dure, différemment organisée, composée principalement de fibres longitudinales, vraiment ligneuses, qui donnent à la plante la force de résister aux vents, de porter ses feuilles et ses fruits. Cette partie ligneuse est évidente dans le chanvre, le tournesol ; avec un peu d'attention, on la retrouve même dans les tiges des plantes annuelles les plus tendres, et que l'on peut appeller, avec plus de vérité, plantes herbacées.

Il est donc évident, 1°. qu'il y a au pied et au centre d'un arbre, âgé de cent ans, du bois de cent ans, tandis qu'il n'y a à l'extérieur et à l'extrêmité des branches que du bois d'un an. 2°. Que l'augmentation en grosseur dans les arbres, se fait par le moyen des couches ligneuses, qui s'ajoutent au bois déjà formé : aussi en coupant horizontalement un tronc d'arbre, par exemple, un tronc de chêne, on voit sur la surface de l'aire de la coupe, des cercles à-peu-près concentriques, qui ne sont autre chose que les couches recouvertes les unes par les autres, ou ce qui est la même chose, les cônes qui se sont emboîtés (4.)

Les cercles ligneux s'écartent quelquefois de l'axe du centre de l'arbre plus d'un côté que de l'autre. La raison physique de cette inégalité d'épaisseur, vient de ce que la sève est déterminée, soit par l'insertion des racines, soit par l'éruption des branches à couler avec abondance plus d'un côté que de l'autre. Nous ne croyons pas devoir nous arrêter sur l'origine de ces couches nouvelles, nous dirons seulement, qu'il paraît vraisemblable que c'est une substance organisée, une espèce de mucilage, appellé cambium, qui dans le temps de la sève se tient entre le bois et l'écorce, prend peu-à-peu de la solidité et produit les couches corticales ou ligneuses, lesquelles contribuent, chaque année, à l'accroissement du tronc d'un arbre en grosseur.

En adoptant ce sentiment, on conçoit comment l'écorce, écartée du bois et conservant à ses deux extrémités son adhérence avec le reste de l'écorce, produit une lame ligneuse. On conçoit aussi, que l'arbre dépouillé de son écorce ne tarde pas à se revêtir d'une nouvelle. (Duhamel.)

Si l'addition successive des couches ligneuses contribue à l'accroissement du végétal dans le sens de la grosseur, l'allongement des fibres contribue à son accroissement dans le sens de la longueur; mais cet allongement ne s'execute pas de la même manière dans la tige jeune et dans la tige adulte.

Duhamel divisa une jeune tige, haute d'un pouce et demi, en dix parties égales, qu'il marqua avec des fils d'argent très-fins piqués dans l'écorce; l'automne suivant tous ces fils se trouvèrent écartés les uns des autres; mais de façon que ceux qui étaient en bas, ou plus près de la racine, s'étaient peu écartés, tandis que ceux qui étaient vers la branche supérieure étaient séparés par de plus grandes distances. Cette expérience simple prouve que les jeunes tiges s'étendent dans toutes leur longueur. La partie supérieure qui est tendre, molle, s'étend beaucoup, tandis que la partie inférieure, qui est plus dure, qui commence à devenir ligneuse, s'étend beaucoup moins.

Les tiges adultes ne s'allongent point dans toute leur étendue, mais seulement par leur extrémité supérieure. C'est ainsi que l'orme, dans le temps où il croît encore, ne s'allonge que par la partie qui termine son tronc, tandis que le corps entier de ce même tronc ne prend plus part à l'allongement : en effet, les branches qui sortent d'un arbre, à une certaine distance de la terre, restent toujours à cette même hauteur, quoique l'arbre qui les porte croisse et s'élève beaucoup. Si vous enfoncez dans la tige d'un jeune arbre deux pointes qui répondent exactement aux deux extrêmités d'une règle, et que vous présentiez tous les ans cette règle à la tige de l'arbre, vous verrez que les bouts de la règle répondent constamment aux deux points (10.)

Ainsi, d'après l'observation, confirmée par l'expérience, on peut conclure 1°. que les jeunes tiges s'étendent dans toute leur longueur tant qu'elles sont tendres et herbacées. 2°. Que l'allongement diminue à proportion que le bois s'endurcit. 3°. Que l'allongement cesse quand la portion ligneuse est entiérement endurcie.

Pour completter ce qui concerne l'accroissement du tronc du végétal, nous croyons devoir examiner l'implantation ou l'insertion des branches sur le tronc. Les branches ne sont pas une division partielle du tronc, puisque chaque branche est, à la grosseur près, tout-à-fait semblable au tronc qui l'a portée ; de plus leur organisation est absolument la même ; elles sont formées, comme nous l'avons dit en parlant de l'accroissement en grosseur, par un bouton du cône qui prend une direction oblique ; ainsi elles prennent naissance dans l'intérieur même du tronc. Supposons qu'on coupe un arbre qui se divise en deux branches à un pied au-dessus de la bifurcation, l'aire de chaque branche présentera des couches concentriques, de même qu'un tronc coupé horizontalement (11. *a.*) Si on coupe ensuite cet arbre au-dessous de la bifurcation, on verra quelques couches concentriques propres au tronc recouvrir les couches propres aux branches (*b*). Si on coupe encore une tranche de bois, à quelques pouces de distance, le nombre des couches propres au tronc sera augmenté, tandis que celui des branches sera diminué (*c*). En coupant ainsi successivement des tranches de bois, on parviendra au point où les couches propres à chaque branches disparaissent totalement. Ainsi pour avoir une idée exacte de l'implantation des branches, il faut se représenter les couches ligneuses propres aux branches, formant dans le tronc un cône renversé, dont le sommet est dans l'intérieur de l'arbre, tandis que la base de ce même cône est au niveau du fourchet, ou ce qui est la même chose, dans le point de la bifurcation.

La durée de l'accroissement est relative à la nature de chaque plante. Lorsque le végétal est parvenu à son développement complet il cesse de croître; le nutrition ne contribue plus qu'à réparer ses pertes; enfin ses facultés organiques s'affoiblissent, il lutte, pour ainsi dire, contre les causes de la destruction qui le menace. On voit de petites racines, de petites branches se développer, de nouvelles fleurs parfumer sa vieillesse, et de nouveaux fruits recompenser la main qui soigne ses vieux ans ; mais la mort, à laquelle sont sujets tous les êtres organiques, termine insensiblement le cours de sa vie. Les parties solides s'accroissent à mesure que les fluides dépérissent ; les vaisseaux se durcissent par l'addition d'un principe terreux; leur diamètre se rétrécit, les sucs sont moins abondans, ils circulent avec peine et bientôt leur cours est tout-à-fait interrompu ; l'air extérieur est encore un des agens que la nature emploie pour accélérer l'entière destruction du végétal ; les vicissitudes alternes d'humidité et de sécheresse brisent le tissu qui consolidait les fibres, le gluten qui unissait les molécules terreuses, se dessèche, s'appauvrit ; alors la plante se réduit peu-à-peu en poussière, et bientôt elle n'existe plus. C'est ainsi que cette masse considérable de matière qui formait cet orme antique, rentre dans la circulation générale pour contribuer à la reproduction de nouveaux êtres.

CHAPITRE IV.

Maladies du végétal.

Les végétaux ne parviennent pas toujours au terme de l'existence que la nature semble fixer; ils sont sujets, de même que les animaux, à des maladies qui altèrent, détruisent leur organisation, et qui les font rentrer dans le néant, souvent même avant qu'ils soient parvenus à leur développement parfait.

Les maladies les plus ordinaires des plantes, peuvent se diviser de même que les causes qui les produisent en externes et internes.

Maladies externes.

Les maladies dues à des causes externes, sont la rouille, la nielle ou le charbon, la carie, l'ergot, l'exfoliation et l'étiolement.

La rouille est une maladie des plantes, ainsi nommée parce que les feuilles du végétal qui en sont attaquées ont une tache, dont la couleur ressemble assez à celle de la rouille de fer; plus les plantes sont tendres, plus elles sont sujettes à cette maladie. Les plantes des forêts en sont rarement attaquées.

Les auteurs ne sont pas d'accord sur la cause et l'origine de la rouille; les uns l'attribuent au brouillard, les autres à la rosée; quelques-uns à l'abondance d'un suc nourricier résultant d'une végétation vigoureuse; enfin, il en est qui pensent qu'on doit la regarder plutôt comme un accident que comme une maladie; mais de quelque manière qu'on la considère, il n'en est pas moins vrai qu'elle fait de grands ravages; elle attaque les plus beaux froments dans l'instant où ils sont en pleine végétation. Tant que la rouille ne se montre que sur les feuilles elle ne fait pas grand tort à la plante; mais lorsqu'elle se communique aux tuyaux, dans le tems que l'épi est à peine hors du fourreau, si le soleil vient à paraître, le froment sur lequel il dardera ses rayons, se trouvera presque réduit à rien; si, au contraire, il survient de la pluie ou un vent considérable, les germes de la rouille sont détruits et le grain est sauvé.

Plusieurs ont regardé la nielle comme une maladie différente du charbon, parce que la nielle ne laisse à l'épi du froment que l'axe auquel les grains étaient attachés, tandis que dans le charbon, le grain reste attaché à l'axe et conserve sa forme, mais au lieu de farine ne contient qu'une matière noire et pulvérulante; quoiqu'il en soit de cette distinction, nous croyons devoir réunir la nielle et le charbon, persuadés que ces deux maladies ayant la même cause, ne doivent pas être distinguées.

Les botanistes ont été de divers sentimens sur la cause de ces maladies. Il était réservé à Bulliard de nous la faire connaîte; cet habile observateur a prouvé que le charbon ou la nielle n'est point une maladie particulière au froment, au seigle, etc. comme l'ont avancé quelques auteurs, ni le produit d'un insecte, comme le pensent plusieurs autres; il s'est assuré, par une foule d'observations faites et répétées avec le plus grand soin, que le charbon n'est autre chose qu'un amas de petites graines d'une espèce de champignon (*reticularia segetum*. Bul.) qui s'attache aux végétaux, se développe et vit à leurs dépens. On doit donc considérer la nielle et le charbon comme une suite de générations d'individus organiques végétaux. Les cultivateurs en affaiblissent la propagation par le moyen du chaulage,

La carie est une des maladies les plus redoutables du froment; on l'appelle dans certains pays bosse, dans d'autres cloque et chambucle. Il paraît, d'après les recherches et les expériences des botanistes, qu'elle présente des phénomènes entiérement différents de ceux du charbon, et que ses suites sont plus dangereuses. Cette maladie a cela de singulier, qu'elle n'arrête point les progrès de la végétation; la tige du froment qui en est attaquée est droite, élevée, les feuilles sont sans défaut; mais à peine la floraison est-elle établie, que les épis cariés se font reconnaître par une couleur verte, les enveloppes sont plus ou moins tachées de points blancs, les grains acquiérent un volume plus considérable que dans l'état naturel, la couleur est d'un gris sale, tirant un peu sur le brun ; et le corps farineux ou la périsperme se change en poussière. L'odeur qu'exhale cette poussière ressemble à celle du grain pourri. Répandue sur les grains intacts, elle les pénètre au moment où ils s'amollissent, imprègne les germes de son poison, et perpétue ainsi le venin subtil dont elle renferme le principe. Le chaulage est encore le moyen indiqué pour préserver les grains de cette contagion.

L'ergot est une maladie à laquelle le seigle est particuliérement sujet ; le grain se prolonge en une pointe assez longue, et quelquefois même de deux pouces ; cette pointe est dure, presque cartilagineuse. Les personnes qui mangent du pain dans lequel les débris de l'ergot ont été mêlés avec la farine, sont exposées à des maladies fâcheuses. Comme l'ergot est plus commun dans les années humides, on soupçonne qu'il doit être attribué à un défaut de transpiration. Les sucs que la chaleur du soleil n'a pas évaporés se condensent, ils augmentent le volume du périsperme avec lequel ils se confondent ; ils s'ouvrent un passage à travers les enveloppes et s'allongent en forme de pointes semblables à l'ergot d'un coq.

L'exfoliation est un desséchement de l'écorce et du bois. Je ne parle pas de l'exfoliation volontaire, car je ne crois pas qu'il existe un cultivateur assez ennemi de ses intérêts pour oser l'entreprendre. Je parle de celle qui est une suite des meurtrissures et des contusions causées par la grêle. Le 12 juillet, de l'année qui a precédé la révolution, en a offert de tristes exemples; après un orage des plus violens, accompagné de grêle, les végétaux perdirent leurs feuilles en peu de jours; le remède qui fut indiqué, consistait à retrancher les branches qui avaient été affectées.

L'étiolement est un état de maigreur pendant lequel les plantes poussent beaucoup en hauteur, peu en grosseur, et périssent ordinairement avant d'avoir produit leurs fruits. La cause de l'étiolement est due surtout à la privation de la lumière, dont l'influence est très-nécessaire à la végétation, et on prévient cette maladie en procurant un courant d'air et de la transpiration aux plantes.

Parmi les causes externes des maladies des végétaux, nous ne devons pas omettre les coups de soleil, les gelées qui occasionnent une mort subite, ou au moins très-prompte, ni les ravages exercés par les chenilles de plusieurs insectes.

Les ormes et les saules sur lesquels la phalène, appellée cossus, a déposé ses œufs, sont, pour ainsi dire, dès cet instant, condamnés à la mort. Les chenilles qui sortent de ces œufs, vivent deux ans avant de passer à l'état de chrysalides; durant ce long espace de temps, elles rongent avec leurs mandibules dures et cornées tout le bois imparfait. L'écorce se détache insensiblement du tronc par grandes plaques, et l'arbre qui ne tarde pas à en être absolument dépouillé, périt promptement.

Maladies internes.

Les maladies dues à des causes internes, sont la phyllomanie, le dépôt, l'exostose, la pourriture, la carie du bois, les chancres.

La phyllomanie est une existence prodigieuse des feuilles, causée par une trop grande affluence de sucs; la plante qui en est attaquée ne donne ni fleurs, ni fruits; on y remédie par le moyen de la taille, qui occasionne l'éruption des branches plus menues et moins vigoureuses, dans lesquelles la sève circulant en moindre quantité, s'élabore avec plus de facilité et acquièrt plus de perfection. Aussi l'expérience démontre-t-elle que ce sont les branches qui produisent les fleurs et les fruits.

Le dépôt occasionne la mort des branches où il se fait, c'est un amas de sucs propres; et en parlant du suc propre, nous avons observé qu'il pouvait être gommeux ou résineux. Lorsqu'un suc de cette nature s'extravase dans le tissu utriculaire ou dans les vaisseaux sèveux, il y occasionne des obstructions. Pour remédier à ce mal, on peut employer plusieurs moyens. Un des plus efficaces consiste à faire une incision longitudinale dans l'écorce; alors il se fait une éruption et il s'établit une évacuation du suc surabondant; telle est la gomme du cerisier, du prunier, telle est la résine du pin et du sapin.

L'exostose est une excroissance locale qui occasionne dans le bois des végétaux des loupes ou tumeurs, qui ont quelquefois de deux à quatre pieds de diamètre. On donne différens noms à ces exostoses ; on les appelle bois tranché, bois à rebours, bois noueux. Les fibres n'y sont pas dans une direction longitudinale, comme dans le bois ordinaire ; elles se croisent et c'est la raison pour laquelle le bois est dur et très-difficile à fendre. Il est d'une bonne qualité et préféré pour certains ouvrages. La cause de cette maladie n'est pas difficile à reconnaître, elle est due à un développement de la partie ligneuse, plus abondante dans les exostoses qu'allieurs. Cette maladie est occasionnée tantôt par un coup de soleil vif, tantôt par une forte gelée, tantôt par la piqûre des insectes ; mais plus souvent par l'introduction d'une pointe, qui traversant l'écorce et pénétrant dans le bois, en altère les couches nouvellement formées, et dérange l'organisation des fibres.

La pourriture est cette dissolution qui, dans les végétaux, attaque le bois du tronc, et qui le creuse, en commençant par le sommet et descendant insensiblement jusqu'aux racines. Cette maladie survient principalement aux arbres qui ont eu quelques grosses branches cassées ou coupées. Les saules qu'on étête annuellement à la hauteur de cinq ou six pieds y sont très-sujets. Les chicots. (On appelle ainsi la partie considérable d'une branche, que par négligence on n'a pas ôtée,) les chicots en se pourrissant, forment des trous, appellés abreuvoirs, goutières, parce qu'ils retiennent l'eau des pluies : en développant les moyens de prévenir cette maladie, nous en fesons connaître la cause.

Il ne faut jamais laisser de chicots aux branches coupées ou cassées, parce que le chicot ne se recouvrant jamais d'écorce, donnerait lieu à l'eau de pourrir le bois ; mais il faut couper les branches au niveau du tronc, alors l'écorce recouvrira facilement la plaie.

Lorsqu'on a des branches à couper, il faut choisir celles qui n'ont tout au plus que deux pouces de circonférence, parce que l'écorce du tronc recouvrira plus aisément et plus vite la plaie avant que les pluies aient pu endommager le bois.

Quand on a de grosses branches ou un tronc à couper, il faut que la coupe soit faite obliquement à l'horison. Alors l'eau coulera plus aisément ; le vieux bois sera moins exposé à pourrir ; et les bords se couvriront plus promptement d'écorce.

La carie est une espèce de moisissure du bois, qui le rend mou et d'une consistance peu différente de la moële ordinaire des arbres, néanmoins elle ne change point la disposition de ses fibres ; elle vient snr-tout de la pourriture des racines, laquelle pourriture est causée par le séjour de l'eau ou par l'écorchement. Les plantes dont les racines sont pivotantes, et celles qu'on élève dans des pots qui ne sont pas percés, y sont les plus sujettes. On voit que la carie est bien différente de la pourriture ; l'une attaque l'arbre au sommet et l'autre à la racine ; pour prévenir la carie, il faut semer les plantes, dont la racine est pivotante, dans des terreins où le pivot ne puisse être endommagé. A l'égard des autres, il suffit de les mettre dans des caisses ou en pleine terre. Cette carie est très-distincte d'une autre maladie, connue sous le nom de carie du froment, dont nous avons parlé.

Les chancres ou ulcères coulans, sont les ouvertures, plus ou moins grandes, répandues çà et là sur les arbres, desquels suinte la sève sous la forme d'une eau roussâtre, corrompue et très-âcre. Cette sanie corrosive endommage les parties voisines ; et fait que le mal se communique de proche en proche.

Les chancres sont produits, selon Sennebier, par un engorgement de vaisseaux, qui rend les sucs stagnans, âcres et corrosifs. Ces sucs détruisent l'organisation de l'écorce qui se gerse et se desseche ; le mal s'étend, l'arbre souffre, et on ne peut le sauver que par l'amputation de la partie malade. Les poiriers de bon chrétien sont surtout sujets à cette maladie dans les terreins humides. Selon d'autres auteurs, les chancres peuvent être attribués à l'eau putride et infecte des terreins marécageux, ou à des fumiers trop abondans. Il arrive à des arbres d'en être attaqués

attaqués quoiqu'on n'apperçoive aucun ulcère ; mais quand on les coupe, on voit que l'écorce est entièrement séparée du bois par une sève âcre et corrompue.

Ces chancres ne doivent pas être confondus avec les abreuvoirs dont nous avons parlé à l'article pourriture, et desquels il ne s'écoule que de l'eau de pluie.

CHAPITRE V.

Reproduction artificielle.

Drageons, plants enracinés, boutures, marcottes, greffes.

AFIN de faciliter l'intelligence de ce que nous avons à dire, sur les moyens industrieux employés par les cultivateurs pour multiplier les végétaux, nous croyons devoir faire quelques observations préliminaires sur les graines ou semences, sur les boutons et sur la sève.

Quoique le plus grand nombre des semences mises en terre germent et lèvent, néanmoins, il en est plusieurs qui avortent, d'autres qui ne parviennent jamais à une parfaite maturité ; enfin il s'en trouve qui sont plusieurs années à lever.

On donne le nom de bouton à ces petits corps arrondis et un peu allongés, qui naissent en été sur les branches des arbres et des arbustes, aux aisselles des feuilles. Ils sont composés d'écailles ou d'espèces d'écailles serrées les unes contre les autres, et ils forment une sorte de berceau qui met les jeunes parties de la plante à l'abri des rigueurs de l'hiver. On distingue trois espèces de boutons, savoir : 1°. Le bouton à bois ou à feuilles, qui ne doit produire que du bois et des feuilles; il est ordinairement mince, allongé, pointu; lorsqu'il se développe on lui donne le nom de bourgeon.

2°. Le bouton à fleurs ou à fruits, qui renferme les rudimens d'une ou de plusieurs fleurs. Il est plus gros, plus court que le bouton à bois. Il est aussi presque carré, moins pointu, et ses écailles sont plus renflées et plus velues en dedans.

3°. Le bouton mixte qui doit donner en même temps des fleurs et des feuilles.

On donne le nom de cayeux aux boutons qui naissent sur les racines bulbeuses.

Il faut se rappeller, qu'en parlant du mouvement de la sève, nous avons dit que si l'on fait une ligature à un arbre, en pleine sève, il s'établit deux bourrelets. Le supérieur, formé par la sève qui descend et qui se trouve arrêtée dans son cours, est beaucoup plus renflé que l'inférieur formé par la sève ascendante. On peut considérer ces bourrelets comme un amas de germes féconds, qui n'ont besoin que d'une certaine humidité pour se développer. Si en effet, on y applique des chiffons mouillés on en voit bientôt sortir des racines.

Telles sont les observations sur lesquelles sont fondés les procédés qu'emploient les cultivateurs, qui cherchent tantôt à améliorer les espèces, tantôt à se procurer promptement et plus sûrement les plantes dont les semences sons sujettes à avorter, ou ne parviennent pas à maturité, ou sont plusieurs années à lever.

Ces procédés s'exécutent par le moyen des drageons, des plants enracinés, des boutures, des marcottes et de la greffe. Ils tendent tous au même but par des voies différentes en apparence, et dont le succès est attaché au développement des germes féconds que la nature, toujours occupée de la conservation de l'espèce, a distribués dans presque toutes les parties d'un grand nombre de végétaux, même dans les feuilles, les troncs et le bois des racines.

Drageons.

Les drageons sont des branches qui tiennent aux pieds d'un arbre, et qui ont la faculté de prendre racine quand on les transplante. Les grands arbres donnent communément peu de drageons; cependant l'orme pousse des jets qu'on peut lever et que l'on cultive en pépinière.

Plants enracinés.

Les plants enracinés ou vives racines, sont les jets qui s'élèvent sur les racines; tout l'art consiste à détacher avec précaution ces jeunes sujets, à les transplanter dans un terrein disposé pour leur prodiguer les soins convenables.

Boutures.

On appelle bouture une branche vigoureuse, garnie de boutons bien formés, qu'on détache du corps d'une plante, et à l'extrémité de laquelle on fait pousser des racines, souvent même aux deux extrémités, si on les enfonce dans la terre après avoir plié la branche; dans ce second cas, on la coupe vers le milieu et on a deux sujets ou deux boutures.

Le succès des boutures dépend de leur facilité à produire des racines, On a observé que les boutures sur lesquelles on a fait un bourrelet pendant qu'elles étaient encore sur l'arbre, réussissent plus facilement. Il faut aussi veiller à ce que l'extrémité plongée dans la terre, ne se pourrisse pas avant d'avoir donné des racines.

La partie de la bouture qui s'élève hors de terre, et qu'on appelle plantard, ne doit conserver que quelques pouces de hauteur, peu de boutons et peu de branches, afin de ne pas consommer trop de sève et de ne pas épuiser la bouture, il faut aussi l'abriter contre l'ardeur du soleil et les rigueurs de l'hiver.

Il y a des plantes qui viennent facilement de bouture, comme les bois blancs, les saules. Il en est d'autre qui reprennent moins aisément, comme le platane, le peuplier, le tremble.

Marcottes.

On donne le nom de marcotte à une branche que l'on couche en terre, et que l'on ne sépare de la plante à laquelle elle appartient que quand elle a pris racine. Il est des arbres qui ne reprennent pas de bouture, et que l'on multiplie par les marcottes; tels sont l'aulne, l'olivier. On recouvre de terre le tronc garni de jeunes branches ou surgeons; au bout de quelques années chaque surgeon devient une plante enracinée.

On peut être surpris qu'une branche produise des racines; mais il ne faut pas perdre de vue que la nature a distribué dans toutes les parties des plantes des germes féconds, qui forment des racines ou des branches, selon la position dans laquelle ils se trouvent, c'est-à-dire, que telle partie qui, dans l'air, serait devenue branche, devient racine, étant déposée dans la terre; de même que les racines exposées à l'air deviennent des rameaux. C'est une vérité que Duhamel a démontrée; il renversa un arbre, de manière que ses branches étaient dans la terre et ses racines en l'air; l'arbre vécut, ses branches produisirent des racines, et ses racines se couvrirent de feuilles.

La marcotte se pratique en fesant passer une jeune branche dans un vase ou dans une caisse remplie de terre.

Losqu'on veut avoir beaucoup de marcottes, on fait ce que les cultivateurs appellent des mères; on coupe le tronc avant la sève. Il en sort une grande quantité de branches qu'on couche en terre dès la seconde année, et qui, à la troisième année, ayant produit suffisamment de racines, sont en état d'être séparées de la mère et d'être transplantées en pépinière; ce sont alors de vrais drageons artificiels; une mère bien ménagée peut fournir ainsi du plant pendant douze ou quinze ans.

La marcotte réussit par les mêmes moyens que la bouture; on fait une légère incision sur un de ces nœuds qu'on enfonce dans la terre. L'incision occasionne un bourrelet qui produit des racines; mais si les branches renferment assez de substance pour former naturellement des bourrelets à racines, l'incision ne doit pas être pratiquée. Il suffit de les coucher et de les mettre en terre; c'est ce qu'on nomme, à l'égard de la vigne, faire des provins.

Greffe.

La greffe est une plante ou portion de plante insérée sur une autre qu'on appelle sujet, avec laquelle elle fait corps et continue de vivre. C'est une bouture, qui au lieu d'être placée dans la terre, est plantée dans un arbre vivant. Par ce procédé tous les sucs du sujet tournent au profit de la greffe qui vit à ses dépens, et continue à croître sous la même forme avec plus de vigueur;

alors le sujet porte des fruits, qui lui sont, pour ainsi dire, étrangers.

Il n'est personne qui, en parcourant les bois, n'ait remarqué des branches qui se touchent et se pressent étroitement. Bientôt le frottement enlève une partie de l'écorce. Les libers, les aubiers se rapprochent, leurs vaisseaux s'abouchent et l'union devient intime. Alors la sève est commune aux deux pieds, et ils ne forment qu'un même tout; c'est-à-dire, un seul arbre; telle est la greffe naturelle. L'homme a fait tourner à son profit cette leçon ou cet exemple fourni par la nature. Au moyen de la greffe artificielle, il rajeunit un vieux arbre; en greffant dessus de jeunes branches, il ente des arbres d'agrémens sur des sujets peu estimés, et procure aux fruits une chair plus délicate, plus fine et plus succulente.

Il y a cinq sortes de greffe artificielle, savoir, la greffe en fente, la greffe en couronne, la greffe en flutte, la greffe en écusson et la greffe par approche. On pourrait les réduire à deux et même à une seule, si on ne fesait attention qu'à la manière dont la nature agit dans l'union de la greffe et du sujet, c'est absolument le même procédé sous différentes formes.

Greffe en fente.

Pour greffer en fente, on coupe transversalement la branche ou la tige du sujet qu'on veut enter (12. *a.*); on la fend ensuite longitudinalement; on taille l'extrémité de la greffe (*b.*) en forme de coin, on l'introduit dans la fente du sujet, de manière que les aubiers des deux arbres cohincïdent exactement, de même que leurs libers.

Greffe en couronne.

Pour greffer en couronne, on choisit le temps de la sève; on coupe transversalement la tige du sujet (13.); on taille la greffe en manière de curedent (*a.*); on l'introduit entre l'écorce et l'aubier du sujet, de manière que l'écorce ne soit détachée de l'aubier que dans la partie qui embrasse la greffe; on entoure ainsi la circonférence de la tige de plusieurs greffes (*b.*) qui forment une couronne.

Greffe en flutte.

Pour greffer en flutte, on prend, dans le temps de la sève, des greffes de même diamètre que le sujet; on coupe circulairement l'écorce de celui ci (14. *a.*), de manière qu'on puisse en enlever un anneau; on détache de la greffe un anneau d'écorce de la même étendue et chargé d'un ou de plusieurs boutons (*b.*), on l'introduit sur le sujet à la place de l'écorce qu'on lui a enlevée, on couvre le tout de cire.

Greffe en écusson.

Pour greffer en écusson, on entaille l'écorce du sujet en forme de T (15. *a.*); on détache de la greffe un morceau d'écorce garni d'un bouton; après avoir taillé ce morceau en écusson (*b.*) ou en triangle allongé, on l'introduit dans la fente faite au sujet, de manière que les lèvres de la fente le recouvrent; on lie ensuite le tout avec de la laine. Cette greffe, faite au printemps, se nomme greffe à œil poussant, parce que si elle prend, l'œil ou le bouton se développe sur le champ. On la nomme greffe à œil dormant, si on la pratique au déclin de la sève, parce que le bouton ne s'ouvre qu'au printemps qui suit.

Greffe par approche.

Pour greffer par approche, choisissez deux arbres plantés l'un à côté de l'autre, faites à chacun une incision, de manière qu'en rapprochant les branches entaillées, leurs libers et leurs aubiers se touchent à nud; la simple union des écorces suffit à cette greffe, c'est l'imitation de l'opération naturelle, dont nous avons parlé plus haut.

Pour que les différentes espèces de greffe réussissent, il faut 1°. qu'il y ait entre le sujet et la greffe une analogie bien marquée; c'est-à-dire, qu'ils soient du même genre, ou ce qui est encore mieux, d'espèces très-voisines. 2°. Que le temps de la sève, de la floraison et de la maturation des fruits soit le même dans les deux individus.

CHAPITRE VI.

Différence des organes.

Nous avons vu dans le chapitre second, que les organes dissimilaires des végétaux ont des fonctions différentes à remplir. Les uns entretiennent et conservent le mouvement vital des plantes, et sont appellés organes conservateurs; telles sont les racines, les tiges et les feuilles. Les autres concourent à la reproduction du végétal, et sont appellés organes reproducteurs; tels sont la fleur et le fruit. Nous allons nous entretenir des différences que tous ces organes présentent.

§. I.

Différence des organes conservateurs.

Racines.

La racine est la partie de la plante qui pénètre dans la terre, et qui est douée éminament de la faculté de pomper les sucs nécessaires à la nutrition et à l'accroissement des végétaux.

Il est des plantes dont les racines, au lieu d'être fixées dans la terre, sont attachées à d'autres plantes et se nourrissent à leurs dépends, comme le gui et la cuscute; on les nomme parasites. La manière dont les plantes parasites se fixent n'est pas uniforme. Le gui prend racine sur l'arbre qui est destiné à le porter; sa racine est d'autant plus enfoncée dans l'intérieur de l'arbre, qu'elle a été recouverte par un plus grand nombre de couches; la cuscute, au contraire, prend d'abord racine dans la terre, elle s'accroche ensuite à la première plante qu'elle rencontre, elle s'y cramponne et tire des sucs nourriciers, à l'aide d'un grand nombre de petits mammelons qui sont des espèces de suçoirs. Bientôt le bas de sa tige se desséche, sa racine meurt, et la plante continue néanmoins de vivre aux dépens de l'autre plante qui la supporte.

Il en est d'autres, telles que les lichens, dont les racines s'attachent aux corps les plus durs, ils croissent sur la pierre et sur l'écorce des arbres; on les nomme fausses parasites, parce qu'elles se nourrissent par leurs expensions foliacées. Enfin, il en est qui subsistent dans l'eau, sans adhérer à la terre, comme la lentille des marais.

On distingue ordinairement trois parties dans la racine, savoir : la partie supérieure ou le collet, la partie moyenne ou le corps, et la partie inférieure qui est plus ou moins allongée. Les racines sont souvent parsemées de petites fibres qu'on appelle chevelus.

Il faut distinguer trois espèces de racines; la racine bulbeuse, la racine tubéreuse et la racine fibreuse.

La racine bulbeuse, qu'on nomme aussi bulbe ou oignon, est un corps tendre, succulent, d'une forme arrondie ou ovale, composée de plusieurs tuniques qui se recouvrent les unes les autres, et terminé dans sa partie inférieure par une portion charnue, d'où partent de petites racines fibreuses. Ces tuniques, suivant l'observation de Jussieu, doivent être regardées comme l'extrémité inférieure de la tige, ou comme un renflement de la partie inférieure de la gaîne des feuilles (16.).

La racine tubéreuse est un corps charnu, arrondi, solide, duquel partent souvent de petites racines fibreuses, latéralement et inférieurement (17), comme dans la pomme de terre, qui est la racine d'une plante appellée morelle tubéreuse; cette racine est nommée globuleuse, si elle approche de la forme sphérique, comme dans le radis; écailleuse, si elle est recouverte de la base de quelques feuilles subsistantes sous la forme d'écailles (18.), comme dans le lis; noueuse, si elle forme des nœuds quelquefois réunis par des filets, comme dans la filipendule (19); fasciculée, si un grand nombre de ses portions sort du même centre, en s'allongeant (20.), comme dans l'asphodèle; grumeleuse, si elle est disposée par grumeaux ou par petites portions adhérentes (21), comme dans les pates d'anémones, les griffes de renoncule.

La racine fibreuse est composée de plusieurs jets, longs, filamenteux, fibreux

Pl. 3

[illegible] l'extrémité [illegible] rendement [illegible] des [illegible]

[illegible] corps charnu [illegible] rapport [illegible] la pomme [illegible] d'une plante [illegible] racine [illegible] la forme [illegible] s'allonge [illegible]

Pl. 3.

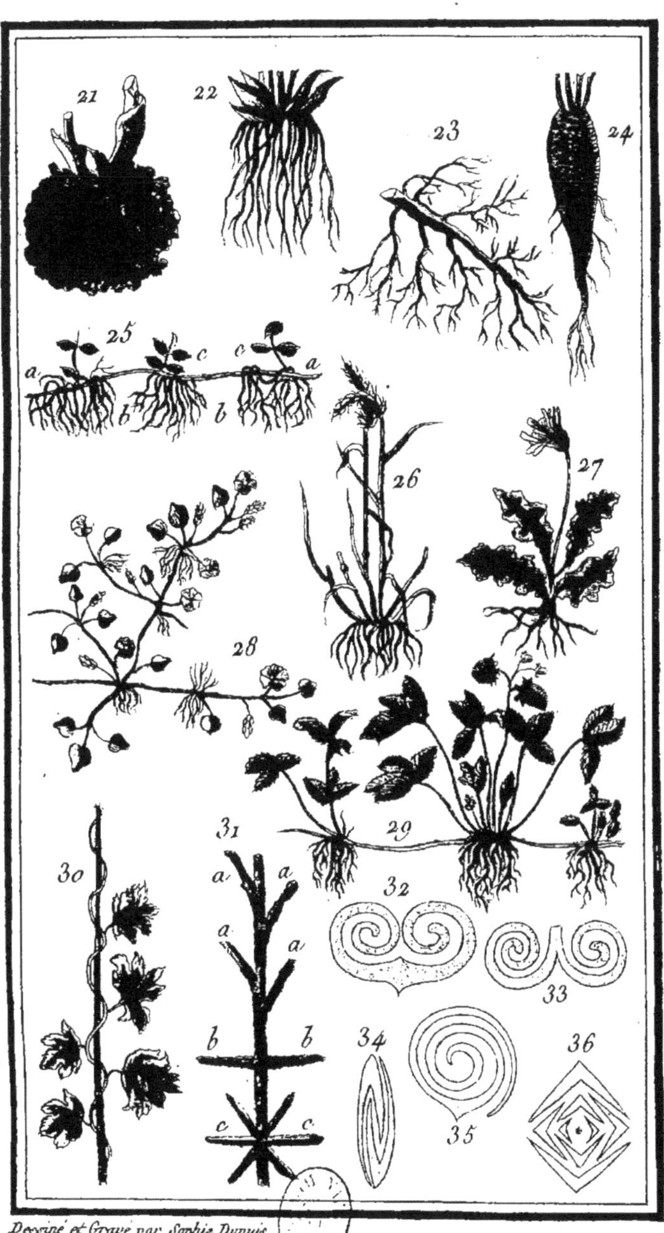

Dessiné et Gravé par Sophie Dupuis

(22.), comme dans une espèce de véronique, appellée beccabunga. On considère cette troisième espèce de racine, quant à sa forme et quant à sa direction.

Quant à sa forme, on la nomme simple si elle ne se divise point, comme dans le lin commun; rameuse, lorsqu'elle se divise en plusieurs branches latérales (23.), comme dans une espèce de plantin, appellé herbe aux puces; fusiforme lorsqu'elle est épaisse, allongée et qu'elle va en diminuant (24.) comme dans le panais, la carotte; tronquée, lorsqu'elle ne se termine pas en pointe, et que son extrémité est tronquée ou rongée, comme dans la scabieuse des bois.

Quant à sa direction, il faut observer que la direction des racines est d'abord assez généralement la même. La radicule qui s'échappe hors de la graine s'enfonce toujours perpendiculairement; mais en grandissant, tantôt elle suit la même direction; alors on la nomme pivotante, comme dans le panicaut. Il est curieux de remarquer que tous les arbres élevés de semences ont une racine en pivot, et que si un pivot rencontre un banc de pierre, ou qu'on le coupe, alors la racine se divise en plusieurs branches latérales. Quelquefois la racine est horisontale, comme dans l'iris, c'est-à-dire, couchée dans la terre, au lieu d'y être enfoncée (25. *a.*); mais si cette racine jette des brins de tous côtés, sans pénétrer profondément dans la terre, on l'appelle traçante ou rampante (*a. b.*); si étant traçante elle pousse çà et là des rejets rampans qui portent eux-mêmes des racines, on la nomme sotlonifère, c'est-à-dire, qui pousse des rejets (*a. b. c.*).

La durée de la vie plus ou moins longue des racines établit aussi des différences dans cet organe. Les botanistes indiquent quelquefois ces différences par des signes dont nous donnerons l'explication.

On appelle vivaces ligneuses celles dont les fibres sont difficiles à rompre, et qui subsistent avec leurs tiges plus de trois ans, comme dans les arbres; on les désigne par le signe de saturne ♄; parce que cette planète est trente-deux ans à faire sa révolution autour du soleil; vivaces herbacées, celles qui se conservent pendant plusieurs années, quoique leurs tiges périssent, comme dans l'oseille, la violette; on les désigne par le signe de jupiter ♃, dont la révolution est de douze ans; bisannuelles, celles qui durent avec leurs tiges pendant deux ans, comme dans le persil, le salsifis; on les désigne par le signe de mars ♂, dont la révolution est de deux ans; annuelles, celles qui périssent avec leur tige dans l'année qui les a vu naître, comme celles du bled, de la laitue; on les désigne par le signe du soleil ☉, parce que c'est en un an que la terre fait sa révolution autour du soleil.

Tronc ou tige.

Arbre.

Une plante qui est ligneuse dans toutes ses parties, qui s'élève à une grande hauteur et qui vit longtems, comme l'orme, par exemple, porte le nom d'arbre. On donne celui de tronc à la partie qui s'élève sur la racine.

Herbe.

La plante qui est tendre, molle, dont les fibres sont peu serrées, qui périt dans l'hiver, soit que les racines soient vivaces, comme dans la violette, soit qu'elles soient annuelles, comme dans la laitue, est appellée herbe et la partie qui s'élève sur la racine porte le nom de tige.

Il y a des plantes qui tiennent le milieu entre les arbres et les herbes, on les appelle arbrisseaux ou sous-abrisseaux.

Arbrisseau.

L'arbrisseau est un arbre de petite taille ou une plante ligneuse, vivace, moins grande que l'arbre. Les jeunes branches sont chargées de boutons comme dans les arbres; et la partie qui s'élève sur la racine porte aussi le nom de tronc. Le lilas, par exemple, est un arbrisseau.

Sous-arbrisseau.

Le sous-arbrisseau est plus petit que l'arbrisseau, mais il en diffère sur-tout, en ce que les branches ne sont point garnies de boutons. On appelle tige la partie qui s'élève sur sa racine. Le romarin, par exemple, est un sous-arbrisseau.

Presque tous les végétaux herbacés ont des tiges. Il en est néanmoins quelques-uns qui en sont dépourvus; on conçoit que dans ce cas les fleurs et les feuilles partent immédiatement du collet de la racine.

La tige herbacée change de nom dans quelques circonstances. On l'appelle chaume lorsqu'elle est un tuyau fistuleux; c'est-à-dire, creux dans son intérieur, et qu'elle est sans branches et garnie de plusieurs nœuds (26.), comme dans le seigle, le froment. On l'appelle hampe lorsqu'étant dépourvue de rameaux et de feuilles, elle est terminée par les parties de la fructification (27.), comme dans la jacinthe, l'ail, le pissenlit. On appelle pied (*stipes*) le support des champignons; caudex ou tige caudiciforme la tige des palmiers et des fougères arborescentes, qui peut être regardée comme une racine élevée, continue, couronnée d'une touffe de feuilles, et hérissée dans toute sa longueur par la base persistante des feuilles qui sont tombées.

Les différences les plus frappantes de la tige, sont celles que fournissent sa consistance,

tance, sa direction, sa figure, sa superficie, sa grandeur et sa composition.

1°. La nature ou la consistance de la tige est différente dans les arbres et dans les herbes. Elle est toujours ligneuse dans les arbres; mais dans les herbes elle est tantôt sèche, comme dans le seigle, le froment; tantôt succulente, comme dans le pourpier.

2°. La tige est assez ordinairement droite, c'est-à-dire, qu'elle s'élève dans une direction perpendiculaire à l'horison. Quelquefois elle est assez foible pour se courber au gré des vents, comme dans le seigle et le froment; quelquefois, étant presque droite, elle forme ensuite un arc dont la pointe est dirigée vers la terre, comme dans le sceau de Salomon, et on l'appelle inclinée. Dans le faux mouron des champs, la tige est couchée, c'est-à-dire, que trop foible pour se soutenir, elle s'étend horisontalement et s'appuie sur la terre; dans la nummulaire et la renoncule rampante, non-seulement elle est entiérement couchée, mais elle s'étend un peu au loin sur la terre, et s'y attache par de petites racines qu'elle pousse de toutes parts, on l'appelle alors rampante (28.); dans le fraisier elle est stolonifère (29.), c'est-à-dire, qu'on voit sortir du collet de la racine des rejets particuliers, qui rampent, s'étendent au loin, s'attachent à la terre par des touffes de racines, et reproduisent ainsi de nouvelles plantes. Dans le liseron des haies, dans le haricot, la tige est sarmenteuse, c'est

F

à-dire, que trop faible pour se soutenir, elle a besoin de supports le longs desquels elle s'élève sans y adhérer. Enfin, dans la vigne, dans la clématite, la tige est grimpante, c'est-à-dire, qu'étant sarmenteuse elle grimpe sur les corps voisins auxquels elle s'attache par des vrilles ou productions filamenteuses, roulées ordinairement en spirale, et qui sont comme des espèces de mains. La tige est appellée entortillée, lorsqu'étant sarmenteuse, elle se roule en spirale autour des corps qu'elle rencontre (30.) de gauche à droite, comme dans le houblon, ou de droite à gauche, comme dans le liseron, le haricot.

3°. La partie qui dans les arbres, arbrisseaux et sous-arbrisseaux s'élève de la racine, est ordinairement cylindrique, c'est-à-dire, arrondie dans toute sa longueur; mais dans les herbes, tantôt la tige est cylindrique ou semblable à un bâton, comme dans la masse d'eau, tantôt elle est comprimée comme dans l'iris; dans ce cas, si les deux côtés sont fort aigus, on l'appelle gladiée (*anceps*); tantôt elle est munie d'angles, comme dans la scrophulaire; alors les botanistes comptent le nombre des angles et celui des côtés; par exemple, ils appellent triangulaire la tige qui a trois angles saillans; trigone celle qui a trois angles et trois côtés, ou trois faces distinctes exactement planes et égales; tétragone celle qui a quatre angles et quatre côtés égaux.

Si la superficie d'une tige est partout égale et unie, comme dans le pavot, la fumeterre, on l'appelle lisse. Si la superficie est chargée longitudinalement de petites côtes nombreuses et rapprochées, comme dans le cerfeuille sauvage, on dit que la tige est striée ; mais lorsque sur la superficie on apperçoit des excavations longitudinales, un peu profondes et un peu élargies, qui ressemblent à des sillons, comme dans la poirée, la tige est appellée tige sillonnée.

Le tronc et les tiges sont quelquefois munies d'épines comme dans le prunier sauvage, d'aiguillons comme dans la ronce et dans plusieurs rosiers, et de poils comme dans la plupart des plantes, surtout lorsqu'elles sont jeunes. Les épines sont des productions dures, piquantes, toujours adhérentes aux corps ligneux ; ce qui fait qu'on ne peut détacher les épines sans déchirer la plante. La culture et la vieillesse les font souvent disparaître. Les aiguillons sont des productions dures, terminées par une pointe fragile et aigue ; il paraît qu'ils sont une prolongation de l'écorce, puisqu'ils se détachent avec elle. Les poils qu'on regarde comme des tuyaux excréteurs sont de petits filets qui se présentent sous des formes très-différentes, ils sont cylindriques dans plusieurs plantes légumineuses, subulés ou terminés en pointe dans les mauves ; subulés et articulés dans l'ortie ; c'est la raison pour laquelle ils causent des cuissons ardentes à la main qui les approche sans précaution Leurs articulations se séparent et restent dans la peau où elles ont pénétré sans peine ; crochus, c'est-à-dire, ayant leurs extrêmités courbées en hameçons dans l'aigremoine. Quand chaque crochet est double, on nomme les poils, doubles crochets (*pili glochides*) ; quand chaque crochet est triple, c'est-à-dire, quand il se divise à son extrêmité supérieure en trois autres crochets, on les nomme triples crochets (*triglochides*) ; les poils sont plus ou moins longs, plus ou moins serrés plus ou moins roides ; lorsqu'ils sont mous, courts, faibles et qu'ils ressemblent à un léger duvet, on dit que la tige est pubescente ; s'ils sont ramassés, compactes et allongés, la tige est appellée velue, comme dans la piloselle. Mais s'ils sont roides, écartés les uns des autres, et qu'ils rendent la plante rude au toucher comme dans la bourache, alors la tige porte le nom de tige hérissée. Quelquefois les poils sont tellement entrelacés qu'on ne peut les distinguer séparément, et que leur abondance donne à la plante un aspect cotonneux et blanchâtre, comme dans le bouillon blanc ; dans ce cas, on dit que la tige est tomenteuse, drappée, cotonneuse ; on l'appelle scabre, si des tubercules un peu roides rendent sa surface raboteuse. La tige qui est dépourvue d'épines, d'aiguillons, de poils, et dont la snrface est lisse, est surnommée glabre, comme la tige de l'oseille, de la balsamine. Si la tige est dépourvue de feuilles, on la nomme nue, comme dans la cuscute, l'éphédra et quelques espèces d'euphorbes.

Les tiges sont quelquefois garnies de petites productions membraneuses, foliacées, qu'on appelle stipules, comme dans l'hélianthème, plusieurs géranium; ces stipules sont placés vers les points de la tige où les feuilles prennent naissauce. On appelle intrafoliacées celles qui sont placées entre les feuilles et la tige ou les rameaux; extrafoliacées celles qui sont insérées sur la tige, plus bas que l'insertion du pétiole, et latérales celles qui sont placées de chaque côté du pétiole. Quelquefois les tiges sont munies longitudinalement de membranes qui débordent leur superficie, et qui sont ordinairement un prolongement de la base des feuilles, comme dans le chardon crépu, l'onopordon; on appelle alors ces tiges aîlées, parce que les membranes saillantes de la superficie de la tige sont comparées à des aîles.

Les proportions de la main, ou de la grandeur du corps humain, fournissent aux botanistes des mesures, non-seulement pour la tige; mais encore pour toutes les parties des plantes. Voici celles qui sont indiquées dans la Philosophie botanique.

Le cheveu est le diamètre d'un crin, ou la douzième partie d'une ligne.

La ligne est la hauteur du blanc qui s'apperçoit à la racine dc l'ongle, ou une ligne de l'ancienne mesure de Paris.

L'ongle est une longueur de six lignes de l'ancienne mesure.

Le pouce est la longueur, ou le diamètre de la dernière phalange du doigt qui porte ce nom.

La palme est la hauteur de quatre doigts en travers, sans y comprendre le pouce ; ce qui équivaut à trois pouces de l'ancienne mesure.

Le spitame est l'étendue comprise entre l'extrémité du pouce et celle du doigt index étendus, ce qui fait à peu-près sept pouces.

L'empan (*dodrans*) est l'espace compris entre le sommet du pouce et celui du petit doigt étendus, ce qui peut faire neuf pouces ou environ.

Le pied se mesure de la fléchissure du coude à la base du pouce, ce qui fait un pied ou environ.

La coudée part de la fléchissure du coude, et va jusqu'à l'extrémité des doigts, ce qui fait dix-sept pouces ou environ.

La brasse se compte depuis l'aisselle jusqu'à l'extrêmité du doigt du milieu, ce qui égale à-peu-près vingt-quatre pouces.

La toise (*orgia*) est la hauteur d'un homme de cinq pieds et demi à six pieds.

Il est des tiges qui sont tout-à-fait simples, c'est-à-dire, sans divisions ; d'autres ne se divisent que vers leur sommet ; d'autres enfin sont chargées de divisions ou de rameaux dans presque toute leur étendue. On les appelle tiges composées.

Toutes les différences qui ont été observées dans les tiges, peuvent se trouver également dans les rameaux ; la seule différence qui leur soit propre se tire de leur situation.

On sera convaincu que les rameaux n'ont pas toujours la même situation, si après avoir examiné ceux du prunier, du pommier, du cerisier, on porte ses regards sur les rameaux du cornouiller, du chèvrefeuille, du frêne. Dans les premiers, les rameaux sont alternes, (31. *a.*) c'est-à-dire, qu'ils s'élèvent l'un après l'autre comme par autant de degrés. Dans les seconds, au contraire, ils sont opposés (*b.*) ; c'est-à-dire, que disposés par paires, ils naissent en deux points diamétralement opposés. Mais si au lieu de deux rameaux, il y en avait plusieurs qui fussent disposés en forme d'anneau autour de la tige, alors on les appelleroit verticellés (*c.*).

Feuilles.

Quoique les feuilles paraissent essentiellement nécessaires au végétal, il est néanmoins des plantes qui en sont privées, comme les champignons ; quelquefois des espèces d'écailles en tiennent lieu ; mais le plus grand nombre des végétaux a reçu de la nature cet organe intéressant, qui persiste quelquefois pendant un ou plusieurs hivers, comme dans l'alaterne, le buis.

Au retour du printems, les feuilles s'échappent des boutons où elles étaient roulées de différentes manières. Quelquefois la feuille est repliée, tellement que ses bords latéraux sont roulés en dedans sur eux-mêmes, comme dans le chèvrefeuille, et on l'appelle involutée (32.); révolutée, si les bords latéraux sont roulés en déhors (33.), comme dans le romarin; obvolutée si les bords d'une feuille sont alternativement compris entre les bords d'une autre feuille (34.), comme dans l'œillet; convolutée ou en crosse, si le bord d'un des côtés d'une feuille enveloppe le bord de l'autre côté de la même feuille roulée en spirale (35) comme dans le balisier; embriquée si les feuilles se recouvrent parallèlement, de sorte que les deux bords d'une feuille aboutissent aux deux bords de la feuille opposée (36), comme dans le troëne; chevauchante, lorsque les feuillcs sont en recouvrement les unes sur les autres, de manière que les deux bords de la feuille inférieure soient embrassés par celle qui la recouvre (37), comme dans l'iris; condupliquée si les bords d'une feuille se rapprochent parallèlement l'un de l'autre (38.), comme dans le chêne; plissée si la feuille est plusieurs fois repliée longitudinalement sur elle-même (39.), comme dans l'érable.

Il n'est personne, qui en se promenant dans les bois ou dans un jardin qni renferme beaucoup de plantes, ne soit frappé de l'admirable diversité qui se rencontre dans les feuilles, relativement à leur attache, leur situation, leur direction, leur insertion, leur figure, leurs angles, leurs sinus et leurs lobes, leur sommet, leurs bords, leur surface, leur expansion, leur substance, leur forme, leur

[illegible] comme dans le balsier ; [illegible]
[illegible] les feuilles se recouvrent par [illegible]
[illegible] hors d'une feuille
[illegible] bord de la feuille pr-
[illegible] dans le tabac, [illegible]
[illegible] les feuilles sont [illegible]
[illegible]
[illegible] de la [illegible]
[illegible] celle qui [illegible]
[illegible] bords
d[illegible] feuilles [illegible]
[illegible]

[illegible]

inverse [illegible]
relative [illegible] Leur [illegible]
[illegible] leurs [illegible]
[illegible]

Pl. 4.

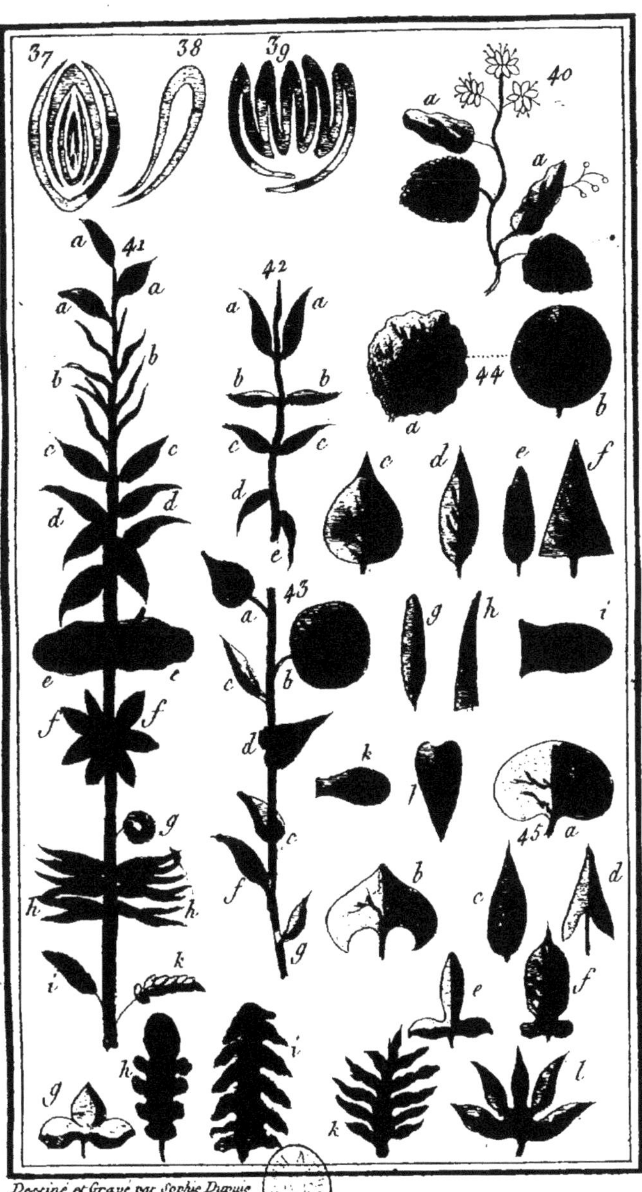

Dessiné et Gravé par Sophie Dupuis

couleur, leur durée et leur composition. Nous allons examiner chacune de ces différences, dont la connaissance est aussi nécessaire qu'elle est facile à acquérir.

Attache des feuilles.

Les feuilles n'ont pas toujours la même attache ; tantôt c'est la racine qui les porte, et on les appelle radicales, comme dans le pissenlit ; tantôt elles sont insérées sur la tige, et on les nomme caulinaires, comme dans la laitue ; tantôt elles s'insèrent sur les rameaux et on les appelle raméales, comme dans le pommier, le cerisier. Les feuilles qui résident dans le voisinage des fleurs sont appellées florales ; mais si elles sont distinctes des autres feuilles par leur forme et par leur couleur, comme dans le bléd-vache et dans plusieurs espèces de sauge, on leur donne le nom de bractées (40. *a.*).

Situation des feuilles.

En examinant comment les feuilles sont placées dans le saule, le cornouiller, le caille-lait et le melèze, il est aisé de reconnaître que les feuilles n'ont pas toutes la même situation : dans le saule, elles sont alternes, c'est-à-dire, disposées par degrés sur la tige et placées de côté et d'autre alternativement (41. *a.*) ; dans le hieracium sabaudum, elles sont éparses, c'est-à-dire, placées cà et là sur la tige et les rameaux sans aucun ordre (*b.*) ; dans le cornouiller, elles sont opposées, c'est-à-dire, disposées par paires et placées dans deux points diamétralement opposés (*c.*); on les appelle croisées ou opposées en croix (*decussata*), lorsqu'elles sont opposées alternativement sur les côtés de la tige (*d*), comme dans une espèce de véronique, appellée decussata; dans le chèvrefeuille elles sont connées, c'est-à-dire, opposées et réunies par leur base, de manière que les deux feuilles ne paraissent en former qu'une (*e.*); dans le caille-lait, elles sont verticellées, c'est-à-dire, disposées en anneau autour de la tige ou des rameaux (*f.*); dans le melon elles sont fasciculées, c'est-à-dire, que plusieurs sortent d'un même point et imitent un petit faisceau (*g*); dans l'if, dans une espèce de cyprès elles sont distiques, c'est-à-dire, disposées sur deux côtés opposés de la tige ou des rameaux (*h.*); dans l'euphorbe à feuilles de cyprès elles sont ramassées, c'est-à-dire, en si grand nombre et si rapprochées les unes des autres qu'elles cachent presque la tige (*i.*); enfin, dans le cyprès toujours verd, elles sont embriquées, c'est-à-dire disposées de manière que les unes recouvrent la moitié des autres, comme les tuiles d'un toît (*k.*).

Direction des feuilles.

Les feuilles considérées quant à leur direction, sont appellées droites, lorsque de leur point d'insertion elles s'élèvent perpendiculairement (42. *a.*); horisontales lorsqne toute l'étendue de leur surface est parallèle à l'horison (*b.*) ; ouvertes lorsqu'elles tiennent le milieu entre les droites et les horisontales (*c*) ; réfléchies lorsqu'elles s'inclinent vers la terre (*d.*) ; renversées lorsqu'elles sont pendantes (*e.*).

Insertion des feuilles.

Les feuilles sont ordinairement soutenues par une espèce de queue ou support, qu'on appelle pétiole (43. *a.*). Le pétiole se termine ordinairement à la base de la feuille, comme dans le pommier ; quelquefois, mais très-rarement, il s'implante dans le milieu ou vers le milieu de la surface inférieure de la feuille, qu'on appelle alors pelletée ou ombiliquée, parce qu'elle se présente comme un bouclier, ou parce que le point de réunion présente la forme d'un onbilique ou d'un nombril (*b.*) ; la capucine et l'écuelle d'eau en fournissent un exemple ; on examine aussi la forme, la surface etc. du pétiole, et surtout sa longueur que l'on compare à celle de la feuille. Les feuilles sans pétiole, c'est-à-dire attachées immédiatement aux tiges ou aux branches sont appellées sessilles (*c.*) ; on les nomme amplexicaules, si elles embrassent par leur base le tour de la tige (*d.*), comme dans le jusquiame noire ; perfoliées, si elles sont traversées par la tige (*e.*), comme dans le buplèvre à feuilles rondes ; décurrentes, si les bords se prolongent sur la tige et sur les rameaux (*f.*), comme dans le bouillon blanc ; engaînées, lorsque leur base forme un tube dans lequel la tige est renfermée (*g.*), comme dans l'orge, le froment.

Figure des feuilles.

La nature a particulièrement diversifié la structure ou figure des feuilles. Dans l'écuelle d'eau, dans une espèce de géranium, qu'on appelle sanguin, les feuilles sont orbiculaires, c'est-à-dire, que le diamètre en longueur égale le diamètre en largeur (44. *a.*). Dans la soldanelle des alpes elles sont arrondies, c'est-à-dire, que les points de la circonférence sont également éloignés du centre de la feuille (*b.*); dans le prunier, elles sont ovoides, c'est-à-dire, plus longues que larges, leur base arrondie et leur sommet plus étroit (*c.*); dans la vesse des bois, elles sont ovales ou elliptiques, c'est-à-dire, plus longues que larges, et plus étroites à leur sommet et à leur base que vers le milieu (*d.*); dans la patience, dans le châtaigner, elles sont oblongues, parce qu'elles ont trois ou quatre fois plus de longueur que de l'argeur (*e*); dans l'olivier, le troëne, elles sont l'ancéolées, parce que leur longueur diminue insensiblement de la base au sommet, et qu'elles représentent un fer de lance (*f.*) (*); dans le pin elles sont linéaires, c'est-à-dire, étroites et d'une lar-

(*) Lorsque la figure d'une feuille n'est pas bien tranchée et qu'elle participe également de deux, les botanistes employent un nom composé, comme, par exemple, feuilles ovales-oblongues, linéaires-lancéolées.

geur presque égale dans toute leur longueur (*g.*) ; mais si leur sommet se termine en une pointe aigue, on les appelle subulées (*h.*). On donne le nom de paraboliques à celles qui, plus longues que larges, se rétrécissent insensiblement vers leur sommet qui est arrondi (*i.*) ; celui de spatulées, à celles dont la figure est presque ronde, et la base allongée et plus étroite (*k.*) ; enfin on nomme cunéiformes, celles qui, plus longues que larges, se rétrécissent insensiblement jusqu'à la base (*l.*).

Angles des feuilles.

Les angles sont les parties saillantes de la feuille vue horisontalement. On appelle feuilles entières celles dont les bords n'ont pas de divisions ; triangulaires celles dont le disque présente trois angles saillants ; romboidales celles qui ont quatre angles, dont deux sont ouverts et deux aigus. On donne le nom de trapéziformes à celles qui ont à leurs bords quatre angles inégaux, et par conséquent quatre faces inégales.

Sinus et lobes des feuilles.

Lorsque le disque de la feuille est coupé par portions, il résulte de cette division des portions saillantes, appellées lobes, et on donne le nom de sinus aux échancrures ou ouvertures qui existent entre les lobes ; les feuilles ont alors des noms différents, selon la forme et la position des lobes et des sinus. On appelle réniformes celles qui, approchant de la forme orbiculaire, sont creusées à leur base destituée d'angles (45. *a.*), comme dans le cabaret; lunulées celles qui, approchant de la figure orbiculaire, sont creusées à leur base qui est munie de deux angles en forme de faux (*b.*); cordiformes celles qui, approchant de la figure ovoide, sont creusées à leur base qui est destituée d'angles (*c*), comme dans une espèce de géranium appellé cordifolium; sagittées celles qui sont triangulaires, échancrées à leurs bases, et qui imitent un fer de flèche (*d*), comme dans le liseron; mais si les échancrures se rejettent un peu en dehors, comme dans le pied de veau, les feuilles sont nommées hastées, parce qu'elles imitent alors un fer de pique (*e*). On donne le nom de panduriformes ou en violon à celles qui, étant oblongues, sont plus larges en leur base et rétrécies dans leurs flancs (*f.*), comme dans une espèce d'oseille appellée pulcher. On appelle feuilles lobées celles qui sont fendues en plusieurs lobes, dont les extrémités sont quelquefois arrondies (*g.*), comme dans les feuilles de vigne; si elles sont à deux lobes, comme dans une espèce d'aristoloche, on les nomme bilobées; si elles sont à trois lobes on les nomme trilobées, comme dans l'érable de Montpellier; à quatre lobes quadrilobées. On nomme feuilles lyrées celles qui sont entrecoupées latéralement de lobes écartés, arrondis ou obtus à leur sommet, et qui vont en diminuant de grandeur vers la partie inférieure de la feuille (*h.*); mais si le sommet

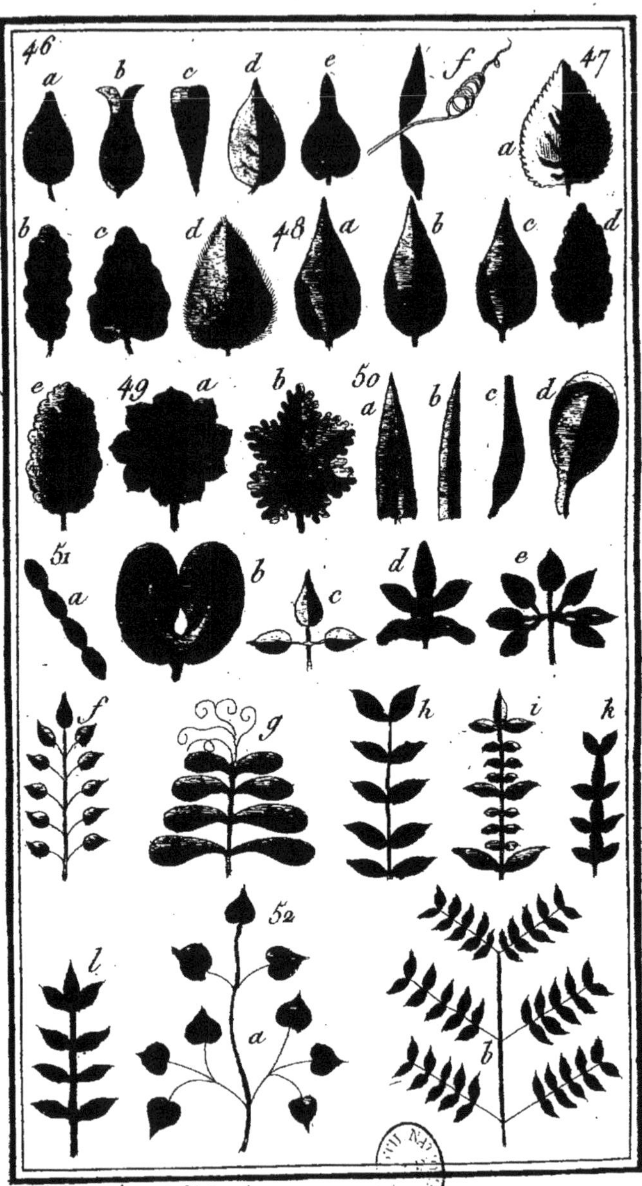

Dessiné et Gravé par Sophie Dupuis

des lobes étant pointu se recourbe vers la naissance des feuilles, comme dans le pissenlit, on les appelle roncinées (*i.*) (crochu en arrièrre.) On appelle pinnatifides celles dont les échancrures se prolongent à-peu-près jusques sur la côte commune, et dont les lobes, presque égaux dans leur longueur, sont disposés sur deux rangs aux deux côtés des feuilles (*k.*), comme dans le polipode vulgaire. Si les lobes se réunissant à leur base, sont disposés comme dans la fleur de la passion, comme les doigts d'une main ouverte, la feuille est appellée palmée (*l.*).

Sommet des feuilles.

Le sommet est l'extrémité qui termine la feuille. On appelle obtuses, celles qui ont leur sommet presque arrondi (46. *a.*); tronquées, celles dont le sommet est terminé par une ligne transversale; échancrées celles dont le sommet se terminé par une entaille (*b.*); émoussées celles dont le sommet est terminé par un sinus obtus (*c.*); rongées, celles qui étant très-obtuses, ont leur sommet terminé par des entailles inégales; aigues, celles qui se terminent par un angle aigu (*d.*); pointues ou acuminées, celles qui sont terminées par une pointe allongée (*e.*); mucronées, celles dont le sommet est terminé par une pointe piquante; vrillées, celles qui sont terminées par une vrille (*f.*).

Bords des feuilles.

Le bord est le pourtour de la feuille, abstraction faite du disque. Les feuilles considérées quant à leurs bords, sont appellées très-entières (44. *b.*) lorsque leurs bords sont absolument unis, et qu'on n'y apperçoit pas la moindre division, comme dans le chèvre-feuille; dentées en scie, lorsqu'elles sont garnies de petites dents aigues, semblables à celles d'une scie (47. *a.*), comme dans la charmille; crénelées, lorsque les dents sont arrondies (*b.*), comme dans la bétoine; épineuses, lorsqu'elles sont munies de pointes piquantes, comme dans le houx et plusieurs chardons. On appelle gaudronnées (*repanda*) celles dont la bordure est remarquable dans toute sa longueur, par des angles peu saillants, avec interposition de sinus qui font chacun un segment de cercle (*c.*); ciliées, celles qui sont bordées tout au tour de poils soyeux et parallèles (*d.*); déchirées, celles dont le bord est composé de segments de grandeur et de figure différentes.

Surface des feuilles.

Les feuilles sont munies de deux surfaces, la supérieure regarde le ciel et l'inférieure la terre. Il est des feuilles sur lesquelles on n'observe ni poils, ni excroissance particulière, en un mot dont la surface est unie, comme dans l'épinars, le lilas, alors on les appelle glabres : celles du lierre, du laurier-cerise semblent avoir le poli de l'acier, on les nomme luisantes; celles du sorbier, du pommier, couvertes d'un léger duvet, sont appellées pubescentes.

pubescentes. Tantôt les poils sont mous et allongés, comme dans la piloselle, on dit alors que les feuilles sont velues; tantôt les poils sont rudes, écartés, fragiles, comme dans la bourrache, et les feuilles sont surnommées hérissées; tantôt les poils s'entrelacent et donnent à la feuille un aspect cotoneux, comme dans le bouillon blanc, ce qui la fait nommer tomenteuse. Dans la garance, les feuilles chargées de petites pointes aigues, à peine visibles, sont appellées piquantes, et si les feuilles sont parsemées de tubercules un peu roides, on les nomme scabres; dans la glaciale, elles sont hérissées de tubercules nombrenx et on la nomme mammelonnées. La surface des feuilles du millepertuis, de l'oranger, est parsemée de petits points nombreux, creux et transparents, qui ne sont autre chose que des véhicules dans lesquels est contenue une huile essentielle, et on les appelle ponctuées.

Il est des feuilles sur lesquelles on n'apperçoit aucune nervure, comme dans la tulipe, et on les appelle énerveuses; mais presque toutes les feuilles ont au-dessous une nervure ou petite côte plus ou moins saillante, qui est longitudinale et qui sépare leur surface en deux parties. Quelquefois il se trouve plusieurs nervures dont on exprime le nombre lorsqu'il est constant; par exemple, lorsqu'il y en a trois on appelle les feuilles trinerveuses; mais alors il faut observer si ces nervures se réunissent, ou à la base de la feuille ou au-dessus ou au-dessous; dans le premier cas, elles conservent le nom de trinerveuses (48. *a.*); dans le second, elles sont triplinerveuses (*b.*); dans le troisième, trinervées (*c.*). Quelquefois les nervures se ramifient, se communiquent entre elles et divisent la surface de la feuille en petites rides ou portions élevées, comme dans la sauge, l'héliotrope, la primevère, alors la feuille se nomme ridée (*d.*); si la surface des feuilles est simplement relevée par de petites nervures très-ramifiées et qui ne s'enfoncent point, on les appelle veinées (*e.*)

Expansion des feuilles.

Si l'on considère l'expansion des feuilles, on dit qu'elles sont planes, lorsque leurs surfaces supérieure et inférieure sont égales, aplaties et parallèles dans toute leur étendue, comme dans le serpolet; concave si le disque est enfoncé tandis que les bords sont relevés, comme dans une espèce de géranium appellé cucullatum; plissées, si les nervures baissent et élèvent alternativement le disque à angles aigus (49. *a.*), comme dans le pied-de-lion; ondées, lorsque le disque s'élève et s'abaisse alternativement, de manière à former sur les bords des replis obtus, comme dans une espèce de potamogetum; crépues, lorsque la circonférence, plus grande que ne le comporte le disque, est forcée de se contracter en replis nombreux, chiffonnés et irréguliers (*b.*), comme dans la mauve appellée crispa.

Substance des feuilles.

Il est des feuilles qui sont séches et qui n'ont presque pas de pulpe, comme celles du laurier, du chêne; il en est d'autres dont la substance est tantôt ferme, solide, comme dans l'aloës, tantôt tendre et succulente, comme dans la jombarde, le pourpier. On donne aux premières le nom de feuilles membraneuses; aux secondes, celui d'épaisses, et aux troisièmes celui de feuilles grasses.

Forme des feuilles.

C'est la substance des feuilles qui détermine leur forme. Lorsqu'elles ont peu de pulpe, elles sont alors plus ou moins planes, et telles que nous les avons d'écrites en parlant de leur expansion; mais lorsqu'elles sont épaisses ou charnues, on les nomme cylindriques, si elles sont allongées et arrondies en forme de cylindre, quand même le sommet se terminerait en pointe, comme dans la civette (50. *a.*); triquetres ou à trois côtés, lorsqu'elles ont dans leur longueur trois faces planes, et qu'elles se terminent en pointe (*b*), comme dans l'asphodèle jaune; ensiformes, si elles imitent une épée, c'est-à-dire, si étant épaisses le long de leur partie moyenne et munies d'un bord tranchant de chaque côté, elles se rétrécissent vers leur sommet qui se termine en pointe, comme dans une espèce d'iris appellée vulgairement glayeule des marais ; acinaciformes ou en sabre, si, étant allongées et un peu charnues, un de leurs bords est épais, obtus, tandis que l'autre est tranchant (*c.*), comme dans une espèce de mesambrianthenum appellé acinaciforme ; en doloire ou dolabriformes, si, étant cylindriques à leur base, la partie supérieure est élargie, épaisse d'un côté et tranchante de l'autre (*d.*), à-peu-près comme l'instrument dont se servent les tonneliers, sous le nom de doloire ; telles sont les feuilles du mesambrianthenum qu'on appelle d'olabriforme.

Couleur des feuilles.

La couleur la plus favorable à notre vue est celle dont la nature attentive a pris soin de parer les feuilles ; mais cette couleur présente plusieurs nuances, et varie beaucoup dans son intensité ; par exemple, dans le frêne, les feuilles sont d'un verd gai ; dans l'aulne, dans l'if, elles sont d'un verd foncé ; elles paraissent d'un verd argenté dans le saule ; enfin dans le houx, dans plusieurs espèces de sauge, de sureau, elles sont agréablement panachées de diverses couleurs. Quoique la couleur verte soit la plus ordinaire dans les feuilles, il est néanmoins quelques végétaux dont l'éclat des feuilles semble rivaliser l'éclat des fleurs ; telles sont, par exemple, les feuilles du chrysophyllum cainito qui sont couvertes en dessous d'un duvet soyeux, brillant et doré, dont les nuances varient selon les effets de la lumière ; celles de l'arbre d'argent, couvertes sur les deux surfaces d'un duvet soyeux, brillant et argentin ; celles d'une variété du hêtre commun, appellé hêtre pourpre, qui sont d'un rouge dont l'intensité augmente à mesure que les feuilles prennent de la consistance.

Durée des feuilles.

Les feuilles n'ont pas toutes la même durée. On appelle caduques, celles qui tombent avant la fin de l'été ; tombantes, celles qui subsistent jusqu'à la fin de l'automne ; persistantes, celles qui persistent jusqu'au printems où il en pousse de nouvelles ; vivaces, celles qui demeurent attachèes à l'arbre pendant plusieurs années ; toujours vertes, celles qui conservent leur verdure pendant toutes les saisons de l'année.

Composition des feuilles.

Nous ne nous sommes entretenus jusqu'à présent que des feuilles simples, c'est-à-dire, de celles dont le pétiole ne porte qu'une feuille ; mais il arrive souvent que le pétiole est terminé par plusieurs petites feuilles ou folioles ; souvent il est divisé dans sa longueur en folioles, disposées comme des aîles. Toutes ces folioles ne constituent qu'une seule feuille, puisqu'elles tombent avec le pétiole pendant l'automne. Pour ne pas confondre les folioles et les feuilles, il suffit d'observer qu'il ne se trouve point de boutons à l'aisselle des folioles, au lieu qu'il s'en trouve à l'angle que les feuilles font avec les branches.

Les feuilles composées sont susceptibles de différents degrés de composition.

Premier degré.

La feuille simplement composée est celle qui n'est qu'une fois composée, ce qui arrive de différentes manières et lui fait donner les dènominations suivantes: articulée, lorsque les folioles naissent successivement du sommet les unes des autres (51. *a.*); binée, lorsqu'on trouve deux folioles insérées sur le même point et portées sur un pétiole commun (*b.*), comme dans le zygophyllum fabago; ternée, si le pétiole porte trois folioles (*c.*), comme dans le trefle, le faux ébénier; quaternée, s'il en porte quatre; digitée, si cinq folioles ou même d'avantage prennent naissance dans le même point du pétiole (*d.*), comme dans le cléome-pentaphilla, dans le maronier; pédiaire, en forme de pied, lorsque le pétiole bifide porte seulement des folioles attachées sur le côté intérieur de ses divisions (*e*), comme dans l'hellébore noir; pinnée ou aîlée, lorsqu'un pétiole simple porte sur ses côtés plusieurs folioles; alors si ce pétiole commun est terminé par une foliole impaire, les feuilles sont appellées aîlées avec impair (*f.*) comme dans le frêne; si au lieu d'une foliole terminale il se trouve une vrille, les feuilles sont appellées aîlées avec vrille (*g.*), comme dans la gesse; mais si le pétiole commun n'est terminé ni par une foliole ni par une vrille, on dit que les feuilles sont brusquement aîlées (*h.*), comme dans la casse. Les feuilles aîlées sont encore appellées aîlées avec interruption, lorsque les folioles sont alternativement plus grandes et plus petites (*i.*); aîlées avec articulation lorsque le pétiole commun est articulé (*k*); aîlées décurrentes, lorsque les folioles se prolongent par leur base sur le pétiole (*l.*). On compte dans la feuille aîlée le nombre des conjugaisons ou des folioles attachées par paires, et alors les feuilles sont appellées conjuguées, bijuguées, trijuguées, etc. suivant le nombre de leurs conjugaisons.

Deuxième degré.

Les feuilles deux fois composées ou recomposées sont celles dont le pétiole, au lieu de porter des folioles, porte d'autres pétioles auxquels les folioles sont attachées; alors les feuilles sont biternées, c'est-à-dire, que le pétiole se divise en trois parties, qui portent chacune trois folioles (52. *a.*), comme dans l'épimédium; bipinnées, c'est-à-dire, que le pétiole porte de chaque côté des folioles aîlées (*b.*), comme dans une espèce de polypode, appellé fougère mâle.

Troisième degré.

La feuille trois fois composée ou surcomposée, est celle dont les seconds pétioles au lieu de porter des folioles, se divisent en d'autres pétioles auxquels les folioles sont attachées. Les feuilles sont alors triternées, c'est-à-dire, que le pétiole se divise en trois parties, lesquelles se subdivisent encore chacune en trois parties, chargées chacune de trois folioles (53. *a.*) ; tripinnées, c'est-à-dire, que le pétiole porte plusieurs folioles, qui sont elles-mêmes bipinnées (*b.*) comme dans le pteris aquilina.

Les différences observées dans les feuilles simples peuvent être appliquées aux folioles; ainsi on examine leur figure, leur situation, leur surface, etc. si elles sont sessiles ou pétiolées, ect.

§. II.

Organes reproducteurs.

Fleurs.

Les fleurs résident tantôt sur la tige, tantôt sur les rameaux, quelquefois elles s'élèvent immédiatement de la racine, et sont appellées radicales, comme dans le colchique. Dans plusieurs plantes, elles sont terminales, c'est-à-dire, placées au sommet des tiges et des rameaux; dans d'autres elles sont axillaires, c'est-à-dire prenant naissance entre la feuille et la tige, comme dans la jusquiame; quelquefois elles sont éparses sur la tige, comme dans la campanula rapunculoides; quelquefois elles sont unilatérales (*secundi*), comme dans quelques graminées. Il est des

Dessiné et Gravé par Sophie Dupuis

fleurs qui sont portées sur une espèce de queue ou de support, qu'on appelle péduncule; d'autres en sont privées et on les nomme sessiles. Le péduncule est simple ou composé, propre ou commun; le péduncule simple ne se divise point. Le péduncule composé se ramifie; le péduncule propre ne porte qu'une seule fleur; le péduncule commun est celui qui porte plusieurs fleurs, soit qu'il se ramifie, soit qu'il ne se ramifie point. Lorsqu'il se ramifie, on donne le nom de péduncule médiat à celui qui étant une division de péduncule commun se divise en péduncules propres, qu'on appelle dans ce cas pédicelles.

Les botanistes observent et décrivent principalement l'attache, la situation, la direction, la forme et la surface des péduncules. Ils examinent si ces supports des fleurs partent de la racine, ec. s'ils sont opposés ou épars, etc. droits, horisontaux, etc. cylindriques, comprimés, etc. velus, glabres: etc. toutes ces différences ont été expliquées.

Inflorescence.

Les fleurs sont la plus brillante parure des végétaux; la disposition régulière et constante que la nature a donnée à un grand nombre d'entre elles augmente encore leur éclat, et semble ajouter à l'intérêt qu'elles inspirent.

Il est des végétaux dont les fleurs sont solitaires, c'est-à-dire, isolées dans le lieu de leur insertion, comme dans l'anagallis; il en est d'autres qui sont deux à deux, trois à trois, comme dans l'herbe à robert, le daphne mezereum; quelquefois elles sont rapprochées en petits paquets, comme dans le cornouiller mâle, le daphne cneorum; quelquefois ramassées en tête comme dans le psoralea bituminosa; quelquefois redressées et réunies en manière de faisceaux, comme celles du dianthus barbatus, et on les nomme fasciculées.

La manthe, la sauge, le marube ont les fleurs disposées en verticile ou en anneau autour des tiges ou des branches, on les nomme alors verticillées (54. *a.*)

Dans la carotte, le panais, les péduncules des fleurs partent tous d'un même point, d'où ils divergent ensuite comme les rayons d'un parasol; l'ensemble de toutes ces fleurs porte le nom d'ombelle générale (*b.*); on appelle ombelles partielles ou ombellules l'assemblage des petits rayons qui partent de l'extrémité d'un rayon de l'ombelle générale. Cette ombelle générale est plane, convexe ou concave; on trouve souvent à sa base plus ou moins de petites feuilles, qu'on appelle involucres, et lorsqu'elles se trouvent à la base des ombellules on les nomme involucelles.

Dans une espèce de hieracium appellé cymosum, les fleurs sont portées sur des péduncules fastigiés; les inférieurs partent du même centre, mais les supérieurs ou les péduncules partiels divergent; on appelle ces sortes de fleurs, fleurs en cyme.

Dans le sureau, dans la millefeuille, les

fleurs imitent un corymbe, c'est-à-dire que les péduncules, placés comme au hazard le long de l'extrémité de la tige ou des rameaux, arrivent néanmoins à la même hauteur, on les appelle fleurs en corymbe (*c.*).

Dans le lilas, dans les maroniers, les fleurs forment une pyramide ovale, appellée tyrse; les péduncules inférieurs s'étendent horisontalement et sont les plus longs, tandis que les supérieurs sont plus courts et presque droits.

Il arrive souvent que les péduncules divisés plusieurs fois et de différentes manières s'élèvent inégalement. Cette disposition des fleurs est appellée panicule (*d.*) La panicule est tantôt lâche, ouverte, comme dans l'agrostis spica venti; tantôt elle est serrée, comme dans le roseau.

Les fleurs appellées en épi sont éparses sur un axe ou filet commun (*e.*), sessiles ou presque sessiles (*). Cet épi change de nom dans deux circonstances; la première, lorsque les fleurs portées sur un filet commun ont un péduncule, et alors on lui donne le nom de grappe (*f.*); la grappe est simple ou composée, la simple porte des fleurs dont les péduncules ne sont nullement divisés, comme dans la luzerne; la composée porte des fleurs dont les péduncules le sont comme dans le raisin; la seconde circonstance est lorsque l'épi est mou, pliant, en forme de queue

(*) L'épi de froment et de plusieurs autres graminées, est formé de plusieurs petits épis particuliers appellés épillets.

de chat, et que les fleurs qu'il porte sont toutes mâles ou toutes femelles, comme dans le noyer, le saule, et alors on lui donne le nom de chaton (*g.*), et on nomme les fleurs, fleurs en chaton ou amentacées; enfin on appelle fleurs spadicées, ou en spadix, celles qui sont portées sur un péduncule simple ou rameux renfermé dans une spathe (*i.*) ou membrane quelquefois colorée, tantôt entière, tantôt divisée. Ce péduncule porte le nom de spadix (*h.*). Les aroides, les palmiers en fournissent des exemples:

Les botanistes donnent aussi le nom de spathe (*i.*) à la membrane qui recouvre les fleurs du narcisse del'ail et à celles de plusieurs liliacées, quoique néanmoins les fleurs ne soient pas portées sur un spadix.

Les fleurs dont nous avons examiné la disposition sont simples, c'est-à-dire, solitaires dans une seule envelope; mais il en est qui sont réunies, entourées d'une seule enveloppe, et plus ou moins nombreuses; par exemple, si l'on ouvre l'enveloppe extérieure d'une fleur de laitue, de chardon, de scabieuse, on verra qu'elle renferme plusieurs fleurs. Ces fleurs sont tantôt appellées agrégées, tantôt composées. Ces deux sortes de fleurs dont nous indiquerons la différence en parlant des étamines, sont susceptibles des mêmes dispositions que les fleurs simples.

Calice.

Le calice ou l'enveloppe extérieure de la

fleur est, selon l'observation de A. L. Jussieu, une continuité de l'écorce du péduncule; comme cet organe est destiné par sa nature à protéger les organes sexuels, il existe presque toujours. Linnæus dinstinguait sept espèces de calice, savoir, la bourse, enveloppe épaisse dans laquelle sont contenus certains champignons avant leur développement, et qui se déchire ensuite par le haut pour leur livrer passage, comme dans l'agaric oronge, le clathre, une espèce de morille. Bulliard distingue deux espèces de bourse ou volva, le complet et l'incomplet. Le complet (55. *a.*) renferme le champignon dans son entier comme dans l'agaric oronge; l'incomplet (*b*) comme dans l'agaric fausse oronge, ne recouvre point le champignon dans son entier, et ne se fend pas pour lui livrer passage.

La coëffe, enveloppe simple et membraneuse qui recouvre d'abord la fructification des mousses, et qui se détachant (56. *a.*) à mesure que l'urne (*b*) se développe, ne recouvre plus que le sommet de cette même urne.

Le chaton, c'est l'espèce d'épi dont nous avons parlé en traitant des dispositions des fleurs, il ressemble en quelque sorte à une queue de chat; il porte des fleurs mâles ou femelles entourées ordinairement de quelques écailles (54. *g.*).

La bâle (*gluma*) c'est l'enveloppe extérieure des fleurs dans les graminées; elle est ordinairement composée de deux valves terminées le plus souvent par un filet pointu qu'on appelle barbe.

La spathe ; c'est une membrane adhérente à la tige, ouverte de bas en haut et d'un seul côté, ordinairement d'une seule pièce. (54. *i.*)

L'involucre est quelquefois formé de feuilles simples, comme dans l'angélique (54. *b.*), les folioles qui sont à la base des cinq rayons, forment l'involucre ;) quelquefois il est rameux comme dans la carotte.

Le périanthe ; ce calice est le plus commun, c'est cette enveloppe ordinairement verdâtre, qui récouvre presque toujours l'enveloppe colorée. (6. *b.*)

Dans ces sept espèces de calice, le périanthe doit seul conserver le nom de calice ; en effet, la bourse et la coëffe n'ont aucun rapport avec cet organe ; le chaton qui porte des fleurs ne peut être considéré que comme un réceptacle, quoique ses écailles fassent les fonctions du calice ; la bâle et la spathe ne sont point des calices puisque sous ces enveloppes on trouve de vrais calices. Selon le sentiment de A. L. Jussieu, on ne doit pas non plus regarder l'involucre et l'involucelle comme des calices puisque les fleurs des ombelles ont réellement un petit calice plus ou moins apparent.

Tantôt le calice est d'une seule pièce, ou monophille, comme dans le pommier ; tantôt de deux, ou dyphille comme dans le pavot, tantôt de plusieurs, ou polyphille. Lorsqu'il est d'une seule pièce il peut dans différentes fleurs avoir une forme différente; s'il imite une cloche il est campaniforme; un tube, il est tubulé; une toupie, turbiné, etc. Son limbe, c'est-à-dire, le contour de son sommet est entier, ou crènelé, ou lobé, ou denté, ou plus ou moins divisé. Si ses divisions s'arrêtent au milieu du calice on l'appelle fendu, et selonle nombre de ses divisions on l'appelle bifide, trifide, quadrifide, etc. Si les divisions se prolongent jusqu'à la base on dit que le calice est découpé et alors on compte les découpures.

On distingue le calice propre et le calice commun; le calice propre ne renferme qu'une seule fleur (6. *b.*) comme celui de la rose. Le calice commun renferme une fleur agrégée ou une fleur composée, c'est-à-dire, plusieurs fleurs réunies dans une même enveloppe. Le calice commun est tantôt d'une seule pièce, comme dans le souci, et on l'appelle simple, tantôt il est composé d'écailles ou de folioles qui se recouvrent par gradation comme les tuiles d'un toît, alors on le nomme calice embriqué; l'artichaut nous en offre un exemple. Tantôt, étant simple, il est muni à sa base de petites écailles qui représentent nn second calice, comme dans la lampsane, alors on le nomme calice caliculé.

Les botanistes observent avec soin la position du calice par rapport au germe. Lorsque le calice fait corps avec le germe, en tout ou en partie, on dit que le calice est supérieur (57. *a.*) comme dans le pommier, le leucoium ; on l'appelle inférieur (8) lorsqu'il ne fait pas corps avec le germe comme dans le prunier, le cérisier.

Nous ne parlerons pas de la surface du calice parce que les différences que fournit la surface ont déjà été expliquées.

Le calice considéré quant à sa durée est appellé caduc, si sa chûte précède celle des pétales, comme dans le pavot; tombant, si sa chûte ne précède pas celle des pétales et si elle a lieu en même-temps, comme dans la fraxinelle ; persistant, lorsqu'il survit à la fleur, et qu'il enveloppe le fruit en tout ou en partie, comme dans la véronique, la verveine.

Corolle.

Le vrai sens du mot corolle n'était point fixé avant la définition donnée par A. L. Jussieu. Il est arrivé aux plus célèbres botanistes de confondre souvent le calice et le corolle. Tantôt ils appellaient corolle, l'enveloppe qui est véritablement le calice, et tantôt ils donnaient le nom de calice à l'enveloppe qui est une vraie corolle. Jussieu a observé l'origine de la corolle, a remarqué sa grande affinité avec les étamines, son usage, sa prompte chûte après la fécondation et en a donné la définition suivante. la corolle est cette enveloppe de la fleur, qui rarement nue, et presque toujours recouverte

verte par le calice, est une continuité du liber du péduncule, et non de son épiderme, ne dure point au-delà d'un certain temps, mais tombe ordinairement avec les étamines, entoure ou couronne le pistil, mais ne fait jamais corps avec lui, et présente le plus souvent ses divisions disposées alternativement avec les étamines quand leur nombre est le même.

Lorqu'il se trouve quelque difficulté dans l'observation de ces parties, lorsque dans une fleur munie d'une enveloppe, on est embarrassé pour distinguer si cette enveloppe est un calice ou une corolle, l'observation des plantes analogues suffit pour éclaircir les doutes. Ainsi l'enveloppe du narcisse qui fait corps avec le germe et qui n'a point ses divisions alternes avec les étamines, quoique leur nombre soit le même, est un véritable calice, et ne permet pas de nommer autrement l'enveloppe de la jacinte et des autres liliacées.

Corolle.

Monopétales.

On désigne ordinairement sous le nom de pétales les pièces tout-à-fait distinctes qui composent la corolle d'un grand nombre de fleurs. Ainsi toute corolle formée de quatre pièces comme dans le choux, la julienne, est appellée corolle à quatre pétales. D'où il suit que le mot pétale peut exprimer même la corolle entière, lorsque cette corolle est d'une seule pièce. Ainsi on nomme monopétale, toute corolle formée d'une pièce unique, c'est-à-dire, dont les divisions, s'il en existe, ne sont pas prolongées jusqu'à la base, et qu'on peut enlever en entier du lieu de son insertion. Telle est la corolle du liseron. La partie inférieure d'une corolle monopétale porte le nom de tube, on donne le nom de limbe au bord supérieur de la corolle, et on désigne par ces mots évasement, orifice, l'entrée ou la gorge de la corolle. Le tube est plus ou moins long, plus ou moins renflé; l'évasement est libre ou très-ouvert dans le liseron, il est fermé dans plusieurs boraginées. Le limbe de la corolle est susceptible des mêmes différences que celui du calice monophylle; ainsi dans le lilas la corolle est monopétale (56) le tube est cylindrique (*a*), le limbe est a quatre découpures (*b*) l'évasement ou l'orifice est ouvert (*c*).

Polypétales.

On donne le nom de polypétale à la corolle composée de plusieurs pièces faciles à détacher les unes après les autres du lieu de leur insertion sans déchirer la corolle (59). Celle composée de deux pétales, comme dans le circæa est appellée dipétale; on nomme tripétale, celle composée de trois pétales; tétrapétale, celle qui en a quatre etc. La partie qui termine inférieurement chaque pièce d'une corolle polypétale s'appelle onglet (*a*)

Pl. 7.

[illegible]

... tube, on donne [illegible] supérieur de la corolle, et on [illegible] mots évasement, orifice, l'entrée ou la gorge de la corolle. Le tube est plus ou moins long, plus ou moins [illegible]; l'évasement est [illegible] il est [illegible] le limbe [illegible] monophylle [illegible] corolle monopétale [illegible] cylindrique (a), le limbe [illegible] (b), l'évasement [illegible] ou [illegible] (c).

[illegible]

On donne le nom de [illegible] à la corolle composée de plusieurs [illegible] [illegible] composée [illegible] circæa est [illegible] pétale, celle [illegible] trimétale [illegible]

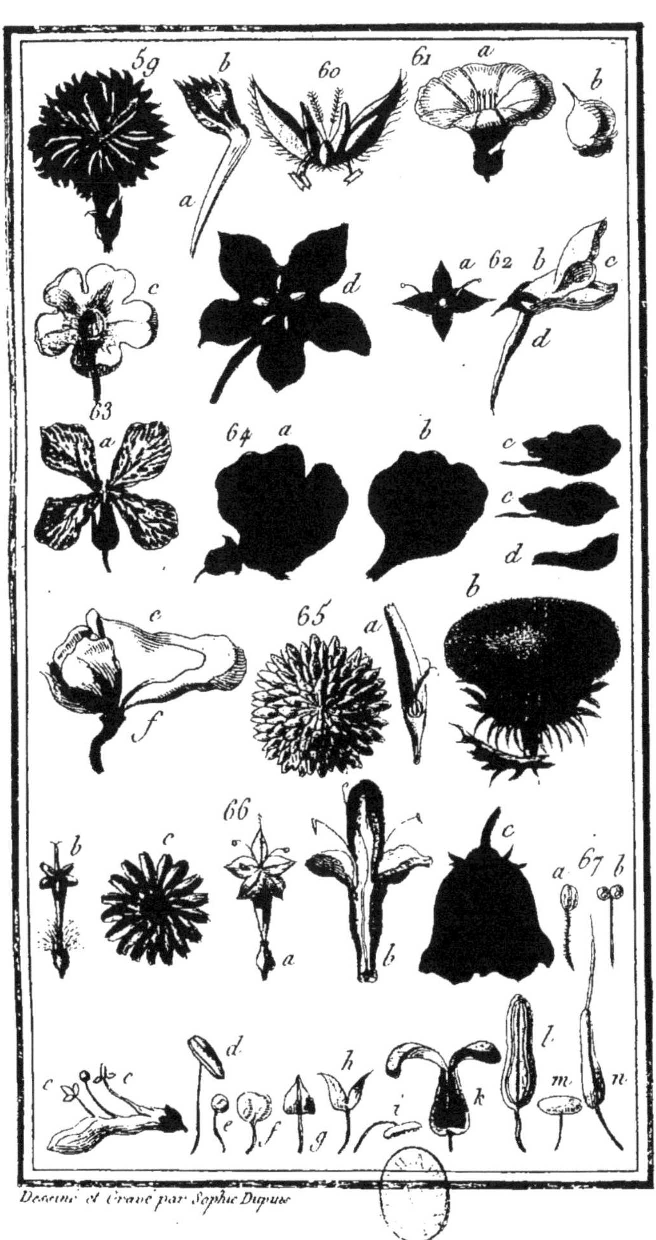

Dessiné et Gravé par Sophie Dupuis

et la partie supérieure s'appelle lame (*b*). La lame est presque toujours entière, néanmoins elle est quelquefois dentée comme dans l'œillet, fendue en deux comme dans la stellaria, le cucubalus.

Apétales.

Les fleurs qui n'ont point de corolle, comme celles du saule, du noisetier, du froment, sont appellées apétales, c'est-à-dire, sans pétales (60). Si on a lu avec attention le commencement de cet article on sera convaincu que les enveloppes du narcisse, du perce-neige, de l'amarillis, quoique colorées, sont de vrais calices, puisqu'elles font corps avec le germe. On doit donc conclure que ces plantes doivent être rangées parmi les apétales; il faut tirer la même conséquence pour les fleurs de courge, de concombre, de bryonne, etc., parce que leurs enveloppes se flétrissent et persistent quelque temps après la fécondation.

Les corolles monopétales et polypétales sont régulières ou irrégulières. On entend par corolles régulières celles dont toutes les parties correspondantes sont conformes et également distantes du centre; on appelle irrégulières celles dont les parties, d'une structure différente, ne présentent qu'un ensemble irrégulier.

Monopétales régulières.

On donne une idée de la forme des corolles monopétales régulières en les comparant à des choses généralement connues ; ainsi on appelle en cloche, ou campaniformes, celles qui approchent de la forme d'une cloche (61. *a*) comme la corolle du liseron ; en grelot, celles dont le pétale se rétrécit vers son limbe, (*b*) comme la corolle de l'arbousier ; infundibuliformes, celles qui ont la forme d'un entonnoir, comme dans les primevères, les lilas ; hypocratériformes, celles qui imitent une soucoupe (*c*), comme dans l'héliotrope ; en roue, celles dont le tube est fort court et dont le limbe est évasé, très-ouvert, (*d*) comme dans la bourache.

Monopétales irrégulières.

Les corolles monopétales irrégulières sont celles dont le limbe est tantôt partagé en divisions inégales (62. *a.*) comme dans le bouillon-blanc, la véronique, tantôt fendu transversalement en deux parties, l'une supérieure et l'autre inférieure qui imitent en quelque sorte une gueule plus ou moins ouverte. On donne à ces parties le nom de lèvres, et la corolle est appellée labiée ou ringente (*b*). (*). La lèvre supérieure représente quelquefois un casque, on lui donne alors le nom de galea, casque : on trouve quelquefois, presque sur le sommet de la lèvre

(*) Forster (Enchirid., Hist. Nat.) entend par corolle labiée, celle dont les deux lèvres sont rapprochées; il reserve le nom de ringente à celle dont les deux lèvres sont écartées ; mais pour admettre cette distinction, il faudrait que Linnæus n'eut pas employé très-souvent le mot ringente pour désigner des corolles labiées, dont les lèvres sont très-rapprochées, comme dans les mufliers. Jussieu, dans son *Genera*, n'a jamais employé l'expression de corolle ringente.

inférieure, une éminence convexe qu'on appelle palais (*c*). La corolle labiée ou ringente est quelquefois munie à sa base d'un éperon (*d*) ou d'une protubérence obtuse, et on l'appelle alors éperonnée, comme dans les mufliers, l'utriculaire et la grassette. Les plantes dont les fleurs ont la corolle labiée ou ringente, sont divisées par les botanistes en labiées proprement dites, et en personnées, du mot latin *persona*, masque; la principale distinction qui existe entre les labiées et les personnées se tire du fruit qui, dans les personnées est un péricarpe, tandis que dans les labiées, il consiste en quatre semences nues, attachées au fond du calice. Ne pourrait-on pas assigner une autre différence entre les labiées et les personnées, en observant que dans celles-ci, la corolle prend la forme d'un masque au moyen de ses plicatures ou rides transversales, comme dans les mufliers.

Polypétales régulières.

Les polypétales régulières sont appellées crucifères si les pétales au nombre de quatre imitent la disposition des branches d'une croix (63. *a.*) comme dans le choux, la moutarde; on les nomme rosacées, si les pétales égaux sont inserés sur le calice et disposés symétriquement comme ceux de la rose, du prunier. (6. *a.*)

Polypétales irrégulières.

On donne aux polypétales irrégulières le nom de papillonacées, et celui d'anomales, c'est-à-dire, d'une forme bizarre. Pour avoir une idée claire des papillonacées il faut cueillir une fleur de genêt (64. *a.*) et l'analyser. On trouvera quatre pétales, un supérieur, appellé étendard (*b*), deux latéraux appelés aîles (*c*) et un inférieur opposé à l'étendard, tantôt d'une seule pièce (*d*) tantôt divisé en deux, auquel on a donné le nom de carène, parce que sa forme a quelque ressemblance avec la carène d'un vaisseau. On donne le nom d'anomales (*e*) à toutes les fleurs polypétales irrégulières qui ne sont pas papillonacées. On remarque souvent dans ces fleurs, des productions étrangères à la corolle (*f*) comme des glandes, des sillons, des éperons; Linnæus donnait à toutes ces parties le nom vague de nectaire, mais les botanistes modernes les distinguent chacune par un nom conforme à la chose qu'elles représentent.

Corolle des fleurs composées.

Si après avoir cueilli une fleur de pivoine et une fleur de chardon, on abat le calice de l'une et de l'autre, on verra qu'il n'y avait qu'une seule fleur dans l'enveloppe de la pivoine, tandis qu'on en trouvera un grand nombre dans celle du chardon, de même que dans les autres fleurs qui sont agrégées ou composées. Les corolles des fleurs composées n'ont pas toutes la même forme; on en distingue de deux espèces auxquelles on a donné les noms de fleurons et de demi fleurons. Le fleuron est une petite corolle monopétale régulière, infundibuliforme, dont le limbe est à quatre ou cinq divisions comme dans le chardon, l'artichaud. Le demi fleuron est une petite corolle monopétale, formée à sa base d'un tube court et qui se termine en une lame longue, étroite, ordinairement dentée à son sommet; on l'appelle languette; parce qu'elle a la forme d'une petite langue. Ces fleurons et ces demi-fleurons existans dans une même fleur, tantôt séparés, tantôt réunis, ont donné lieu aux trois divisions suivantes.

Fleurs sémi-flosculeuses ou toutes composées de demi-fleurons (65. *a.*) comme dans le pissenlit, la chicorée.

Fleurs flosculeuses, ou toutes composées de fleurons (*b*) comme dans les artichauts, le chardon.

Fleurs radiées, ou celles qui ont des fleurons dans le centre et des demi-fleurons à la circonférence (*c*) comme dans les soleils.

Insertion de la corolle.

Après avoir examiné la présence ou l'absence de la corolle, le nombre de ses pièces, sa forme, sa régularité ou son irrégularité, on observe son insertion de trois manières. On la nomme épigyne, si elle s'insère sur le germe ou ovaire (66. *a.*) comme dans la garance, le chevrefeuille ; hypogyne, si elle s'insère sous l'ovaire, (*b*) comme dans la sauge, la linaire, la digitale, la bourache ; périgyne si elle s'insère autour de l'ovaire ; dans ce dernier cas la corolle est portée sur le calice (*c*), et elle est presque toujours polypétale, comme dans la rose, le fraisier, le poirier, le pommier (6) ; cependant elle est quelquefois monopétale comme dans la campanule. Cette dénomination d'insertions épigynes, hypogynes et périgynes paraît plus exacte que celles adoptées par Linnæus, qui n'employant habituellement que les expressions de corolle inférieure et de corolle supérieure, confond ensemble l'insertion hypogyne avec l'insertion au fond du calice, et l'insertion épigyne avec l'insertion au sommet du calice, lorsque le calice fait corps avec le fruit.

Couleur de la corolle.

Les expériences des chimistes sur la végétation donnent lieu de croire que la lumière se combine avec quelques parties des plantes et que c'est à cette combinaison que la couleur verte des feuilles et la diversité des couleurs des fleurs sont dues. Selon la Marck, la couleur des fleurs n'est pas aussi variable qu'on a cherché à le faire croire ; elle est très-constante dans les anets, les férules, les inules, et lorsqu'elle offre des variations, elle a toujours des limites bien décidées ; par exemple, dans la paquerette ordinaire, la couleur peut bien se nuancer du blanc au rouge, mais jamais on ne la verra dégénérer en jaune ; jamais la fleur d'un pommier, d'un pêcher, d'un cerisier, ne se colorera en jaune ; d'où il conclud que la couleur des fleurs doit être citée dans toute description botanique, et que, même dans certains cas on peut l'employer comme un bon caractère distinctif.

Etamines.

Les étamines sont formées, comme nous l'avons vu dans le chapitre second, d'un filament et d'une anthère (6. *e.f.*).

Filament.

Le filament est une espèce de support sur lequel l'anthère est portée; son existence n'est pas d'une nécessité absolue, puisque dans plusieurs fleurs on n'en trouve aucune trace. Lorsqu'il existe, on observe sa forme, c'est-à-dire s'il est capillaire, plan, en spirale, cylindrique etc. ; sa surface, c'est-à-dire, s'il est pubescent, velu, membraneux ; sa direction, c'est-à-dire, s'il est droit, ouvert, conrbé en dedans ou en dehors de la fleur ; sa proportion, c'est-à-dire, s'il est plus long, aussi long ou plus court que la corolle. Dans toutes les espèces de sauge, les filamens des étamines sont portés transversalement sur un pivot. Parmi ces différences, les unes ont été déjà développées et les autres n'ont pas besoin de l'être.

Anthère.

L'anthère est une petite bourse qui renferme une poudre fine, colorée, de nature résineuse, qu'on nomme pollen ou poussière. On ne trouve ordinairement qu'une seule anthère sur un filet (67. *a.*), et on l'appelle simple. Si cette anthère simple est formée de deux globes rapprochés l'un contre l'autre, comme dans la mercuriale, le bouleau, le buis, on l'appelle didyme (*b.*). Il arrive néanmoins quelquefois que chaque filament porte denx anthères, comme dans le dianthéra; trois comme dans les fumeterres (*c*). On trouve dans la bryonne et ses congénères, cinq anthères portées sur trois filaments.

Si on considère les anthères quant à leur structure extérieure ou leur forme, on remarque qu'alors elles sont oblongues (*d.*), comme celles des lys, des graminées; arrondies ou globuleuses (*e.*), comme celles des asperges, des sureaux; en cœur (*f.*) comme celles dn chionanthus; en fer de flèche (*g.*) comme celles des saffrans; fourchues ou à deux cornes (*h.*) comme celles des bruyères; eu forme de brosses (*strigiliformes*) (*i.*), comme celles des acanthes. Quant à leur structure intérieure, elles sont à une ou deux loges (*k.*), etc. etc., et on les appelle uniloculaires, biloculeires, etc. etc. Quant à leur insertion, elles sont appellées droites (*l.*) si leur base s'élève sur le sommet du filament; peltées (*m.*), si elles sont portées dans leur milieu par le sommet du filament; mobiles ou vacillantes (*d.*), si étant petites, elles tournent sur le sommet du filament comme sur un pivot, et si elles s'y balancent facilement, comme dans les plantins, les graminées; adnées ou latérales, lorsqu'elles sont attachées sur le côté ou sur la partie moyenne des filaments, et qu'elles y adhèrent dans toute leur longuenr (*n.*), comme dans la parisette.

Quant à la proportion, on observe si elles sont moins, plus, ou aussi longues que les filaments ou que la corolle. On examine encore la manière dont les anthères s'ouvrent pour lancer la poussière fécondante; par exemple, dans l'épimédium, elles s'ouvrent de bas en haut (*k*); latéralemeat dans le leucoium, et simplement par leur sommet dans les morelles.

Nombre des étamines.

La nature n'a pas donné aux fleurs de tous les végétaux le même nombre d'étamines. Celles de la blette n'en ont qu'une; on en trouve deux dans celles du jasmin, trois dans le froment, quatre dans le cornouiller, cinq dans la bourache, six dans la tulipe, sept dans le maronnier, huit dans la bruyère, neuf dans la capucine, dix dans l'œillet, douze dans l'aigremoine. Lorsque le nombre des étamines ne s'élève pas au delà de douze, on dit que le nombre est déterminé; on l'appelle indéterminé s'il s'élève au-delà de douze, comme dans la rose, la pivoine.

Insertion des étamines.

Si en analysant des fleurs, on veut observer sur quel point reposent les étamines, ou, ce qui revient au même, qu'elle est leur insertion, on verra qu'elle se fait de quatre manières; tantôt les étamines sont portées sur la corolle (68. *a.*), qui dans ce cas est ordinairement monopétale. Jussieu appelle cette insertion médiate, parce que l'insertion des étamines se fesant par le moyen de la corolle, l'insertion de cet organe désigne celle des étamines. Abatez le calice d'une fleur de flox, ouvrez la corolle après l'avoir fendue longitudinalement, vous trouverez que les étamines sont insérées dans le tube.

Tantôt les étamines sont portées sur le calice (*b.*); enlevez tous les pétales d'une rose ou d'une fleur de fraisier, et vous reconnaîtrez que l'insertion des étamines se fait sur le calice.

Tantôt l'insertion se fait sous le germe (*c.*) ou sur un anneau glanduleux qui entourre le germe à sa base (*d.*); c'est ainsi que dans la fleur de pavot toutes les étamines sont insérées sous le germe, tandis que dans la fleur de la giroflée elles sont portées sur un disque ou anneau glanduleux, qui est situé à la base du germe.

Tantôt, enfin, les étamines sont portées ou sur le germe (*e.*], comme dans l'aristoloche, ou sur le limbe d'un corps glandu-

Pl. 8.

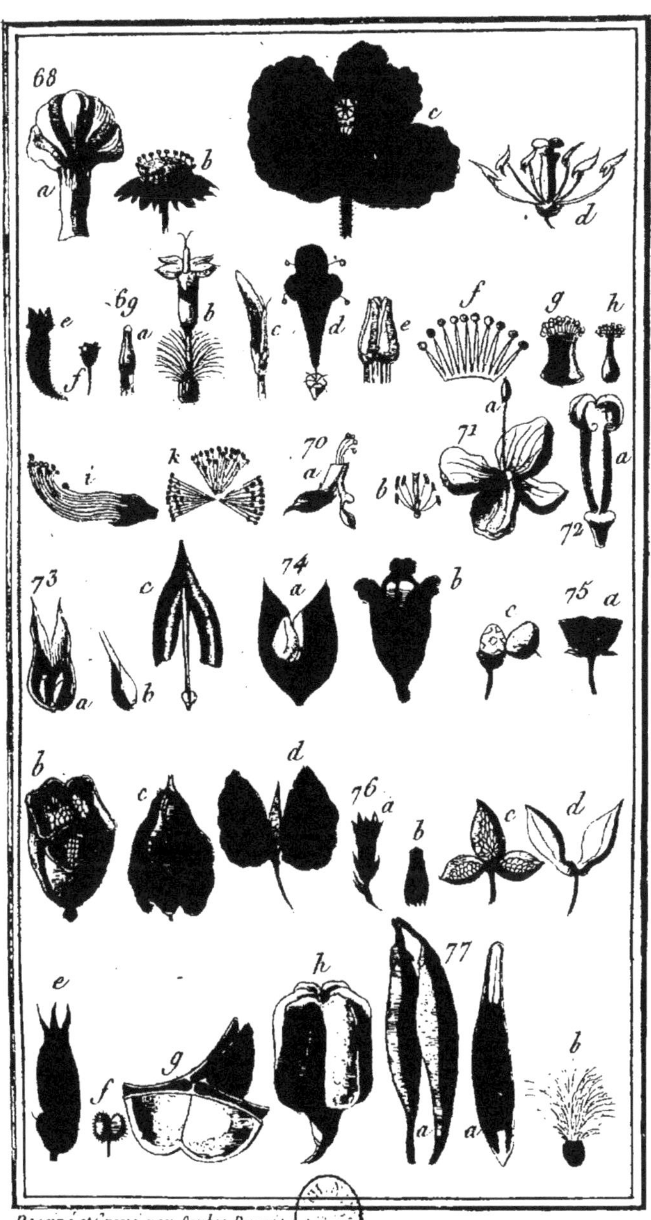

Dessiné et Gravé par Sophie Dupuis

leux qui recouvre le germe (*f.*), comme dans la carotte, le cerfeuil.

Réunion des étamines.

Nous avons dit que les étamines sont composées de deux parties, savoir, d'un filament et d'une anthère. Assez ordinairement les filaments sont distincts ainsi que les anthères; quelquefois cependant il arrive à ces parties d'être réunies ou adhérentes entre elles. Si ce sont les anthères, elles forment le plus souvent un tube cylindrique (69. *a.*), traversé par le style, comme dans le chardon, la laitue.

C'est cette même réunion des anthères, dans chaque fleuron (*b.*) ou dans chaque demi fleuron (*c.*), qui fournit un moyen de distinguer les fleurs composées de celles qui sont agrégées, dans lesquelles les étamines, loin d'être adhérentes par leurs anthères, sont très-distinctes, comme on peut le voir dans un fleuron de scabieuse (*d*). Il faut néanmoins ajouter à ce caractère, tiré de la réunion des anthères, d'avoir pour fruit les semences nues, autrement le jasione, dont les fleurs sont agrégées et dont les anthères sont adhérentes, pourrait être confondu avec les composées, dont il n'est distinct que par ses semences renfermées dans une capsule.

Il ne faut pas non plus confondre les anthères connivëntes (*e.*) avec les anthères adhérentes; par exemple, dans le primevère, dans la morelle, les anthères sont simplement conniventes, et elles ne sont point adhérentes. Il est cependant quelques fleurs simples qui ont les étamines réunies ou adhérentes par leurs anthères, comme la lobele, dans les monopétales; les violettes, dans les polypétales. Si ce sont les filaments qui sont adhérents, ils sont ou réunis en un seul corps dans une plus ou moins grande partie de leur étendue, et alors ils imitent, dans le point de leur réunion, un anneau (*f.*), un tube (*g.*), un cylindre (*h.*), etc., comme dans les géranium, les mauves, ou bien ils forment deux corps comme dans le pois, le haricot qui ont dix étamines, dont neuf sont réunies par leurs filaments, et une seule est libre (*i*), ou bien ils forment plusieurs corps, comme dans le millepertuis, l'oranger (*k.*).

Proportion des étamines.

Les botanistes ne se bornent pas à compter les étamines, à reconnaître leur insertion et leur réunion, ils examinent aussi leur proportion réciproque. On a observé que souvent parmi les fleurs à quatre étamines, il y en avait deux grandes et deux petites (70., *a.*), comme dans la scrophulaire, la digitale, le marube, la lavande, et que parmi les fleurs à six étamines il y en avait souvent quatre grandes et deux petites (*b*,), comme dans le choux, la julienne, la giroflée.

Les différences qui résultent du nombre, de l'insertion, de la réunion ou de la proportion des étamines, sont exprimées par des noms dérivés du grec.

Les fleurs qui n'ont qu'une étamine sont appellées monandres (un seul mari). On appelle diandres, celles qui en ont deux; triandres, celles qui en ont trois; tétrandres, celles qui en ont quatre; pentandres, celles qui en ont cinq; hexandres, celles qui en ont six; heptandres, celles qui en ont sept; octandres, celles qui en ont huit; ennéandres, celles qui en ont neuf; décandres, celles qui en ont dix; dodécandres, celles qui en ont douze. On désigne sous le nom de polyandres (plusieurs maris), toutes les fleurs dont le nombre des étamines est indéterminé, c'est-à-dire, qui s'élève à plus de douze. Mais comme parmi ces fleurs, les unes ont leurs étamines insérées sur le calice et les autres sous l'ovaire, les fleurs polyandres doivent se distinguer en polyandres périgynes, et en polyandres hypogynes. Linnæus a employé le nom d'icosandrie (vingt maris), pour désigner les fleurs dont les étamines, en nombre indéterminé, sont insérées sur le calice; mais comme parmi ces fleurs il y en a qui ont plus de vingt étamines, par exemple, la rose, la pivoine, nous croyons pouvoir retrancher l'expression d'icosandre, qui fixant l'attention sur le nombre des étamines plutôt que sur leur insertion, peut induire en erreur, et nous lui substituons la dénomination de fleurs polyandres périgynes.

Lorsque les étamines sont insérées sur la

corolle, on les appelle épipétales ; on les nomme périgynes, si elles sont insérées sur le calice, et par conséquent autour de l'ovaire ; hypogynes, si elles sont insérées sous l'ovaire ; épigynes si elles sont insérées dessus.

Les fleurs dont les étamines sont réunies par les anthères sont appellées syngénèses (génération ensemble) ; celles dont les étamines sont réunies par les filaments en un corps, sont appellées monadelphes (un seul frère) ; celles dont les étamines forment deux corps par leur réunion, sont nommées diadelphes (deux frères). On donne le nom de polyadelphes (plusieurs frères), à celles dont les étamines forment plusieurs corps.

Les fleurs qui ont quatre étamines, deux grandes et deux petites, sont appellées didynames (deux puissances) ; celles qui en ont six, quatre grandes et deux petites, sont nommées tétradynames (quatre puissances.)

Pistil.

Le pistil ou l'organe femelle occuppe le centre de la fleur, il est composé du germe ou ovaire, du style et du stigmate (6. *g.*)

L'ovaire est la partie inférieure du pistil, qui renferme les embryons des semences, de même que les organes qui concourent à leur nutrition. L'ovaire est appellé simple, s'il n'y en a qu'un, comme dans le pommier ; il est appellé multiple s'il y en a deux, comme dans l'asclépias, ou plus de deux comme dans la renoncule. Les botanistes observent dans

l'ovaire

l'ovaire la forme dont les différences n'ont pas besoin d'être développées ; sa surface, son insertion, c'est-à-dire, s'il est sessile, comme dans le plus grand nombre des fleurs, ou s'il est porté sur un support, (stipité), comme dans le caprier (71. *a.*); mais ils observent surtout sa position par rapport au calice. Tantôt l'ovaire est enfoncé dans le calice, de manière qu'il fait corps avec lui en tout ou en partie, comme dans la fleur du pommier, du leucoium ; tantôt il est élevé au-dessus du calice et n'adhère nullement à cet organe, comme dans les fleurs du cerisier, de la seille. Dans le premier cas, on dit que le germe est inférieur au calice, (57. *a.*) et dans le second, qu'il lui est supérieur (57. *b.*)

Il est quelques circonstances où l'on pourrait être embarrassé pour déterminer si le germe est supérieur ou inférieur, comme dans les fleurs de la rose, de l'aigremoine. Le germe, à la vérité, paraît inférieur dans ces fleurs ; mais en l'observant avec attention, on reconnaît qu'il n'est point adhérent, mais simplement recouvert, et par conséquent supérieur.

L'observation a appris que toutes les fois que le germe est multiple, il n'est jamais inférieur.

D'après la définition du germe supérieur et du germe inférieur, on doit conclure que le germe est réellement inférieur dans les circonstances où les botanistes l'appellent sémiinférieur, comme dans le tamnus. La position du germe serait plus facile à reconnaître pour ceux qui commencent l'étude de la botanique, si à l'expression de germe supérieur on substituait celle de germe libre, et si à celles de germe inférieur, germe semi-inférieur, qui annoncent également le germe engagé en tout ou en partie dans le calice, on substituait celle de germe adhérent. En adoptant ce changement, on employerait des expressions dont le sens serait fixe et déterminé.

Le style est ce filet plus ou moins allongé qui termine ordinairement l'ovaire et qui quelquefois est latéral, ou sur le côté, comme dans les fleurs de l'alchemilla, de la rose. On peut remarquer ici, que les fleurs dont les étamines sont polyandres périgynes (icosandres, Linnæus,) et dont le germe est multiple, ont presque toujours leurs styles latéraux. Le style est appellé simple, s'il n'y en a qu'un seul, comme dans le lin; mais s'il y en a plusieurs, on l'appelle multiple, alors on en compte le nombre; par ex. on en trouve deux dans l'œillet, trois dans les cucubales, cinq dans le lin. Les différences que présente le style sont fournies par la proportion, les divisions, la forme, la surface, la direction et la durée; ainsi on examine s'il est plus court, aussi long, plus long que les étamines ou que la corolle; s'il est sans divisions, ou s'il est bifide (à deux divisions) trifide, quadrifide, etc.; s'il est cylindrique, filiforme, capillaire, en massue, tétragone, ensiforme, de la même épaisseur dans toute son étendue, etc. S'il est glabre, pubescent, velu, etc. s'il est droit, ouvert, arqué, penché, etc. s'il est tombant, c'est-à-dire, si sa chûte a lieu immédiatement après la fécondation; persistant, c'est-à-dire, s'il subsiste après la fécondation et s'il surmonte le fruit.

Il est intéressant de remarquer que la fleur est presque toujours penchée ou même pendante, lorsque le style est plus long que les étamines. Il semble que la nature a voulu obvier aux obstacles qu'aurait éprouvé la fécondation, si, dans une fleur penchée, le style eût été plus court que les étamines.

Le stigmate est la partie supérieure du pistil, il termine ordinairement le style; mais lorsque le style n'existe pas, le stigmate repose immédiatement sur l'ovaire, comme dans la tulipe (72. *a*.). On peut considérer les stigmates par rapport à leur nombre, leur division, leur forme, leur direction, leur proportion et leur durée. La plupart des styles ne sont surmontés que par un seul stigmate; quelques uns néanmoins en ont deux, comme le jasmin; trois, comme la campanule; quatre, comme l'épilobe; cinq, comme les géranium, etc. Assez ordinairement le stigmate est simple, quelquefois néanmoins il est bifide, trifide, multifide. Le stigmate varie beaucoup dans sa forme; il est sphérique ou globuleux dans la primevère; acuminé, dans le maronnier;

en tête, dans la nolana; obtus, dans l'andromède; en cœur, dans les rhus; tronqué, dans l'asphodèle ; échancré, dans la pulmonaire ; en godet, dans la violette; triangulaire, dans le lys; pelté ou en bouclier, dans le nénuphar; rayonné, dans le pavot; en pinceau, dans le potérium; plumeux, dans les graminées; pubescent, dans les cucubales; barbu dans la gesse; pétaliforme, dans les iris.

Les stigmates n'ont pas toujours la même direction. Assez ordinairement ils sont droits; quelquefois contournés, comme dans les crocus; roulés en dehors, comme dans l'œillet.

On mesure la longueur du stigmate en la comparant à celle du style.

Pour ce qui concerne la durée du stigmate, il est ou persistant comme dans le pavot, le nénuphar, ou bien sa chûte a lieu en même-temps que celle des organes qui ont concouru à la fécondation.

On se sert en botanique de noms dérivés du grec pour désigner le nombre des pistils ainsi on appelle monogynes (une seule femme) les fleurs qui n'ont qu'un pistil; digynes, celles qui en ont deux; trygines, celles qui en ont trois; tétragynes, celles qui en ont quatre; pentagynes, celles qui en ont cinq ; poligynes, celles qui en ont plusieurs; mais comme ces expressions sont aussi employées pour désigner 2, 3, 4, 5 et plusieurs styles portés sur un seul ovaire, nous croyons devoir réserver les noms de monogynes, digynes, etc. pour exprimer le nombre des ovaires, et nous servir des expressions monostyles, distyles, etc. pour désigner le nombre des styles.

Observations sur les organes des fleurs.

Réceptacle.

La base sur laquelle repose immédiatement la fleur s'appelle réceptacle. Le réceptacle se divise en réceptacle propre et en réceptacle commun. Le réceptacle propre est celui qui ne porte qu'une fleur simple ou une seule fleur, comme dans la rose, l'œillet. Le réceptacle commun est celui qui porte plusieurs fleurs, dont l'assemblage forme une fleur agrégée, ou une fleur composée. Ce réceptacle est ou plan, ou convexe, ou conique, c'est-à dire cylindrique et s'amincissant insensiblement jusqu'au sommet; tantôt il est chargé de poils, comme dans les chardons, les centaurées, alors on l'appelle velu; tantôt il porte des paillettes, ou des espèces de lames aplaties et disposées entre les fleurs, comme dans les soleils, et on l'appelle alors lamellé; tantôt il est dépourvu de poils et de paillettes, comme dans la laitue, alors on l'appelle nud. Si étant nud, il est creusé de cellules ou alvéoles, comme dans l'onopordum, on lui donne le surnom d'alvéolé.

Fleurs complettes, et fleurs incomplettes.

Lorsque le calice, la corolle, les étamines et le pistil existent ensemble dans une même fleur, elle est surnommée complette (6).

Mais si une seule de ces parties manque, la fleur est surnommée incomplette. On peut en voir un exemple dans la fig. 57, où la fleur n'ayant point de corolle est incomplette et appellée apétale.

Hermaphrodites.

Les fleurs dans lesquelles les organes mâles et femelles résident ensemble portent le nom de fleurs hermaphrodites ou bisexuelles (6).

Diclines.

Les fleurs dans lesquelles les organes mâles sont séparés des organes femelles portent le surnom d'unisexuelles ou diclines (deux lits). On les considère sous deux rapports. Tantot il existe sur le même individu des fleurs mâles séparées des fleurs femelles, comme dans le concombre, le noisetier, et ces fleurs sont surnommées monoiques, c'est-à-dire, habitant séparément la même maison (systême de Linnæus cl. 21). tantôt les fleurs mâles sont sur un individu et les fleurs femelles sur un autre, comme dans l'épinars, le chanvre, et ces fleurs sont surnommées dioiques, c'est-à-dire, habitant séparément deux maisons. (systême de Linnæus. 22.)

Polygames.

Quelquefois des fleurs hermaphrodites se trouvent sur un même individu avec des fleurs unisexuelles soit mâles soit femelles, comme dans le fresne, l'arroche, et on donne aux plantes sur lesquelles se trouve ce mélange de fleurs le surnom de polygames (plusieurs noces) (système de Linn. 23.) Forster observe que plusieurs plantes hermaphrodites dans d'autres climats deviennent dioiques, dans la nouvelle Zélande; ce qu'il attribue à la fertilité du terrein. Duchesne observe aussi que les fraisiers nommés caperons sont dioiques, que la grosse asperge, dite de Hollande, l'est également, et il ajoute que les pieds les plus gros sont les mâles. On trouve dans presque toutes les fleurs femelles des étamines stériles, ou des rudimens d'étamines. Un grand nombre de fleurs mâles contient aussi des rudimens du germe; d'où il semble qu'on peut conclure que beaucoup de plantes deviennent monoiques ou dioiques par l'avortement d'un des organes sexuels, et qu'il y a lieu de douter si les plantes dioiques, monoiques et polygames sont réellement conformes aux vues de la nature.

Cryptogames.

Enfin il est des plantes dont les organes sexuels se dérobent par leur petitesse à nos regards les plus attentifs, tels sont les champignons, les algues, les mousses, les fougères, et on appelle ces plantes cryptogames. (noces cachées, (Méthode Naturelle. cl. 1.)

On comprend parmi les plantes cryptogames, tous les végétaux apétales, dont les organes sexuels ou ne sont pas visibles, ou sont si peu apparens et si difficiles à distinguer, que, parmi les plus célèbres botanistes, les uns ont pris pour organes mâles les organes que les autres considéraient comme organes femelles.

Les végétaux cryptogames n'ayant pas la même structure que les plantes à organes sexuels visibles dont nous nous sommes entretenus, nous croyons devoir faire connaître leurs principales parties.

Les champignons ont une substance tantôt subéreuse ou ligneuse, tantôt molle et charnue, quelquefois mucilagineuse. Il y en a qui sont simples, d'autres rameux, quelques-uns sphériques. Les uns peuvent être regardés comme parasites, les autres sortent du sein de la terre, tantôt nuds, tantôt renfermés dans une coeffe (*volva*) qui ne tarde pas à se déchirer. Le volva est appellé complet s'il renferme le champignon dans son entier et s'il est obligé de se fendre pour en faciliter le développement, (Méthode Naturelle cl. 1. *a.*) mais s'il ne recouvre pas le champignon dans son entier, s'il n'est pas obligé de se fendre pour lui livrer passage, on le nomme incomplet. La plupart des champignons sont couverts d'un chapeau stipité ou sessile, tantôt orbiculaire et pelté (*b.*) c'est-à-dire, implanté sur le milieu du support, tantôt semi-orbiculaire et attaché par le côté. Dans un grand nombre de champignons, le chapeau est quelquefois parsemé en dessous des pores, quelquefois il est tapissé de feuillets (*c.*) On croit que c'est dans les pores ou dans les feuillets que résident les organes de la fructification. Ces organes, très différens de ceux des plantes staminifères, ne sont, selon les découvertes de Bulliard, qu'un simple fluide spermatique, tantôt nud, tantôt renfermé dans des vésicules; ce fluide irrore et féconde les germes ou semences qui, dans la maturité, s'échappent de plusieurs champignons, sous la forme d'un jet ou petit nuage de poussière. On trouve aussi un collet (*annullus*) espèce de couronne membraneuse (*d.*) qui est attachée à la partie supérieure des supports (*e*) de quelques champignons.

Les algues diffèrent entr'elles non-seulement dans leur port, mais encore dans leur texture et leur substance. Les unes sont filamenteuses, commeles conferves (*f.*), plantes aquatiques que l'on trouve dans les mers, les rivières, les ruisseaux et dans les eaux dormantes; les autres sont coriaces ou membraneuses, comme les varecs (*g.*) qui habitent les fonds et les bords de la mer. D'autres sont coriaces et crustacées, comme les lichens, qui habitent indifféremment sur les rochers, sur la terre et sur les arbres. On remarque sur la surface de leurs expansions, tantôt des tubercules (*h.*); quelquefois des cupules ou petites coupes (*i*). Enfin il est des algues qui sont herbacées, presque feuillées comme les jungermannes (*l.*); elles portent un petit sachet, appellé anthère par quelques botanistes, ordinairement pédiculé et se divisant au temps de leur maturité en quatre parties disposées en croix.

Les mousses par leur nature se rapprochent davantage des autres végétaux ; elles sont herbacées et forment des petits gazons touffus, sur les rochers, sur terre, et sur les arbres. Elles sont simples ou rameuses, garnies de feuilles disposées de différentes manières. On trouve sur quelques-unes de ces plantes des rosettes ou espèces d'étoiles (*m.*) qui renferment, selon quelques botanistes, des organes mâles, et selon d'autres, des organes femelles ; mais toutes portent une capsule (*n.*) tantôt sessile, tantôt stipitée. On donne le nom de soie (*o.*) au support de la capsule. A la base de cette soie est une gaîne (*périchaetium*) (*p.*) tantôt monophylle, tantôt polyphylle. La capsule est composée de plusieurs parties. Celle qui est inférieure, renflée, d'une forme ovale ou oblongue s'appelle urne (*q.*), elle contient selon quelques botanistes, les deux organes sexuels. Il est certain qu'on trouve dans les urnes qui sont assez grosses pour pouvoir être observées, comme dans le buxbaumia, dans le polytrichum, etc. un petit sachet, rempli d'une poussière dite séminifère, qui a germé, après avoir été déposée dans la terre. Le petit sachet est soutenu par un fil délié qui traverse intérieurement la soie ou le pédicule de l'urne. Quant à l'organe mâle, Beauvais l'a observé, dans l'urne, sous la forme de globules. L'urne garnie à son limbe de cils plus ou moins nombreux, est recouverte par un opercule (*r.*) lequel est presque toujours surmonté d'une coeffe (*s.*) qui se détache insensiblement, à mesure que l'urne prend de l'accroissement.

Les fougères sont herbacées, du moins dans nos climats. Elles ont leurs feuilles alternes, souvent écailleuses dans leur partie inférieure et roulées dans leur jeunesse du sommet à la base, en forme de crosse. La fructification réside dans de petites coques (*t.*) qui, en se contractant ou en se déchirant, laissent échapper des vessies ovales ou arrondies (*u.*), entourées presque par-tout d'un cordon à grains de chapelet, par le raccourcissement duquel, chaque vessie s'ouvre en travers, comme par une espèce de ressort, et jette plusieurs semences. Les coques ne sont pas disposées de la même manière sur toutes les fougères; tantôt elles sont situées sur la surface inférieure des feuilles, et alors elles ont la forme ou de tubercules arrondis, ou bien elles imitent des lignes parallèles; quelquefois les lignes sont contigues sous le rebord replié des feuilles, et quelquofois elles sont interrompues; tantôt les vésicules forment un épi simple et rameux; tantôt elles sont solitaires ou groupées près de la racine.

Fleurs doubles, semi-doubles, et prolifères.

La culture, et des sucs abondans, dénaturent souvent les fleurs, en multipliant les enveloppes ; le calice assez ordinairement reste toujours le même, mais la corolle, surtout la polipétale, est sujette à devenir multiple, ce qui rend les fleurs, tantôt pleines ou doubles, tantôt prolifères. On dit que la fleur est pleine ou double, lorsque toutes ses étamines se sont changées en pétales, ce qui la rend absolument stérile. Elle est semi-double, lorsque quelques unes de ses étamines s'étant changées en pétales, les autres étamines substistent, et que la fleur est fertile ; elle est appellée prolifère, lorsque du centre de la fleur il s'élève un péduncule qui porte une autre fleur (les œillets sont sujets à devenir prolifères.) Toutes ces monstruosités sont recherchées d'une classe de curieux, mais le naturaliste les dédaigne ; en effet, l'organisation dans ces fleurs est altérée; elles sont nulles pour la science, et elles ne prouvent que l'affinité qui existe entre les étamines et la corolle.

Fruit.

Le fruit, comme nous l'avons déjà observé, n'est autre chose que l'ovaire qui a survécu à la plupart des autres organes de la fleur, et que la maturité a grossi et développé ; d'où il suit que le fruit est inférieur ou supérieur, suivant que le germe a été l'un ou l'autre.

La grosseur des fruits n'est pas toujours proportionnée à celle des végétaux qui les produisent. La courge, plante rampante et herbacée, donne des fruits énormes et pulpeux, tandis que l'orme, l'érable, le frêne, ne portent que des fruits secs, dont la petitesse nous étonne. Il est dans les végétaux certaines parties que l'on mange, et auxquelles on donne improprement le nom de fruits. La figue, par exemple, n'est qu'une enveloppe de fleurs; la pomme d'acajou n'est qu'un péduncule gonflé par un suc agréable et délicieux.

On donne le nom de réceptacle à la base sur laquelle repose immédiatement le fruit.

Il faut distinguer dans le fruit l'enveloppe et la graine, l'enveloppe se nomme péricarpe, et la graine change ordinairement son nom en celui de semence.

Péricarpe.

Le péricarpe est cette partie du fruit qui enveloppe et défend les semences. L'existence de cet organe n'est pas d'une nécessité absolue. Tantôt les semences sont renfermées dans le calice qui persiste dans son entier (73. *a.*) comme dans la sauge, le romarin, la camphrée; tantôt une des divisions du calice persiste et fait les fonctions de péricarpe, comme dans un grand nombre de graminées (*b.*) tantôt les semences sont entièrement nues (*c.*), comme dans le corispermum, le cerfeuil, l'angélique et les ombellifères.

Le péricarpe varie, soit dans sa forme qui est ou sphérique, ou ovale, ou cylindrique, etc., soit dans sa surface, qui est ou glabre ou velue, etc., soit dans sa substance, qui est ou membraneuse, ou coriace, ou ligneuse, ou charnue, etc.

Le péricarpe, considéré à l'extérieur, est quelquefois indivisible, comme dans la noisette. Le plus souvent il s'ouvre entiérement, dans le sens de la longueur, en deux, trois ou plusieurs pièces, appellées valves; on dit alors que le péricarpe est bivalve (74. *a.*), trivalve (*b.*). etc. Quelquefois il s'ouvre transversalement ou en boëte à savonette (*c*), comme dans le pourpier, la centenille.

L'intérieur du péricarpe offre ordinairement plusieurs cloisons qui le divisent en loges ou cavités. S'il n'y a qu'une cloison il ne peut exister que deux loges, et le péricarpe est biloculaire (75. *a.*); s'il y a plusieurs cloisons, le nombre des loges augmente, et le péricarpe est surnommé triloculaire (*b.*), quadriloculaire, etc. S'il n'existe pas de cloison, il est évident qu'il ne peut exister qu'une loge, et le péricarpe est alors uniloculaire (74. *c.*). La position de la cloison à l'égard des valves n'est pas toujours la même; tantôt elle est parallèle (75. *c.*), c'est-à-dire, que ses deux côtés s'insèrent dans les sutures des valves, comme dans la lunaire; tantôt elle est contraire ou opposée (*d.*), c'est-à-dire, que ses deux côtés, au lieu de s'insérer dans les sutures des valves, coupent longitudinalement les valves par le milieu, comme dans le lépidium thlaspi. On trouve, dans le centre de quelques péricarpes, un axe ou filet plus ou moins élevé, plus ou moins épais ou aplati, auquel les semences sont attachées, et qui fait quelquefois les fonctions de cloison, comme dans les scrophulaires.

Le péricarpe est monosperme s'il ne renferme qu'une semence; disperme, s'il en renferme deux; oligosperme, s'il en renferme un petit nombre; et polisperme, s'il en renferme davantage.

On distingue par des noms différents neuf espèces de péricarpe, savoir: la capsule, le follicule, la silique, le légume, le drupe, la pomme, la baie, le cône et la noix.

Capsule.

La capsule est un péricarpe sec et creux, qui s'ouvre d'une manière déterminée. Dans certaines plantes, comme dans le géranium, la balsamine, la capsule éclate subitement avec explosion, et lance les graines à quelques pieds de distance. Cette explosion est produite par le raccourcissement subit des fibres de la capsule; sa déhiscence, ou manière de s'ouvrir, est partielle ou entière; dans le premier cas, elle se fait tantôt par le sommet comme dans l'œillet (76. *a.*); tantôt à la base (*b.*), comme dans la dentelaire, le staticé, dans le second cas, elle se fait quelquefois transversalement, plus souvent longitudinalement en deux ou plusieurs valves, soit de la base au sommet, soit du sommet à la base.

Ce que nous avons dit touchant le péricarpe, considéré à l'intérieur et à l'extérieur, convient principalement à la capsule. Ainsi on dit que la capsule est univalve, lorsqu'elle ne s'ouvre que par un côté, comme dans le delphinium; bivalve (74. *a.*) lorsqu'elle s'ouvre en deux valves bien distinctes, comme dans le chrysosplenium, l'acanthe; trivalve (*b.*) comme dans le lys, la tulipe; quadrivalve, comme dans l'épilobium, etc. Les orchis, ophrys, ont une capsule formée de trois montans, auxquels adhèrent sur les côtés trois valves, munies chacune dans leur milieu d'une nervure longitudinale et saillante; les trois valves tombent et les trois montans persistent, (*persistente replotriscapo.* Jussieu). On l'appelle uniloculaire, ou à une loge, si la cavité n'est point divisée, comme dans la violette (76. *c.*); biloculaire (75. *a.*) si la cavité est divisée en deux loges, comme dans la digitale, la véronique; triloculaire (75. *b*) si la cavité est divisée en trois loges, comme dans la tulipe, le colchique, l'iris; lorsque plusieurs capsules sont réunies, le péricarpe est ou bicapsulaire ou tricapsulaire, etc. en raison du nombre de capsules qu'il réunit; bicapsulaire, comme dans l'érable (76. *d*); tricapsulaire (*e.*), si trois capsules sont réunies, comme dans le vératrum. Si l'on considère la forme de la capsule, on dit qu'elle est ou ovale, ou cylindrique, ou globuleuse, ou scrotiforme (*f.*), c'est-à-dire, composée de deux globes réunis, et un peu comprimés du côté où ils se touchent, comme dans le fruit de

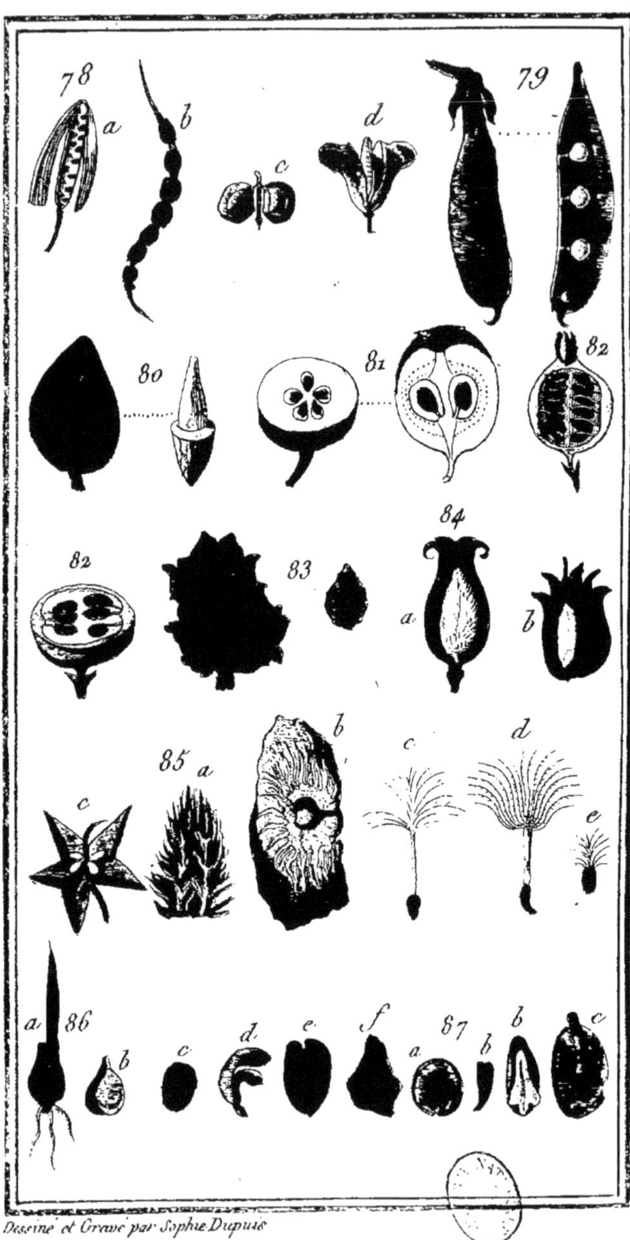

Dessiné et Gravé par Sophie Dupuis

de la m[illegible]

[illegible]

[illegible]

[illegible]

[illegible]

[illegible]

[illegible]

[illegible]

de la mercuriale. On examine encore si la capsule est anguleuse ; on compte alors le nombre des angles ; par exemple, on en trouve trois dans la capsule de l'igname (*g.*), six, dans celle du l'impériale (*h.*) ; quelquefois la capsule est garnie de membranes saillantes, qu'on peut comparer à des aîles, comme dans l'érable (*d.*) ; alors on dit qu'elle est aîlée.

Follicule.

Le follicule est un péricarpe sec, auquel les semences ne sont point adhérentes, composé d'une seule pièce qui s'ouvre longitudinalement d'un seul côté, comme dans le laurier-rose, l'asclépias (77. *a.*) ; ce péricarpe est ordinairement gonflé par l'air qui s'y dilate. Les semences sont presque toujours surmontées d'une jolie aigrette soyeuse (*b*,)

Silique.

La silique est un péricarpe composé de deux valves réunies par une suture longitudinale, entre lesquelles se trouve ordinairement une cloison membraneuse, tantôt parallèle, tantôt contraire aux valves. Les semences sont attachées le long des deux sutures opposées, ou réunion de valves (78. *a.*) comme dans le choux, la julienne, le velar ; la cloison est tantôt parallèle (75. *c.*), tantôt opposée (75. *d.*) Ce péricarpe conserve le nom de silique, lorsque dans sa longueur, il contient au moins deux fois sa largeur (78. *a.*) comme dans le velar, la moutarde. On lui donne le nom de silicule, petite silique, lorsque sa largeur est égale à sa longueur, comme dans le lépidium thlaspi (73. *d.*).

La forme de la silique varie; elle est tantôt cylindrique, c'est-à-dire, plus longue que large, et arrondie dans toute sa largeur, comme celle de sysimbrium; tantôt elle est articulée, c'est-à-dire, alternativement rétrécie et renflée (78. *b.*), comme celle du raphanus raphanistrum; tantôt elle est comprimée ou aplatie, comme celle de la julienne; tantôt lancéolée comme celle du pastel; tantôt lobée, comme celle du biscutella (*c.*); tantôt un peu en cœur, comme dans le thlaspi bursa pastoris (*d.*); tantôt elliptique (75. *c.*), comme dans la lunaire, etc.

Légume.

Le légume est un péricarpe sec, formé de deux valves ou cosses. Les semences ne sont attachées que le long d'une seule suture (79.), et c'est ce qui distingue le légume de la silique. Le légume est cylindrique, ovale, linéaire, vésiculeux, comme dans le baguenaudier; articulé, contourné, ect. Le plus souvent il est à une seule loge; quelquefois, mais très-rarement, il est biloculaire, ou presque biloculaire, comme dans l'astragale.

Drupe.

Le drupe est un péricarpe charnu, sans valves, dans lequel est un noyau qui contient la semence, appellée vulgairement amande

(80.), comme le fruit de l'olivier, du prunier, du cérisier, du noyer.

Pomme.

La pomme est un péricarpe charnu, dans le milieu duquel on trouve ordinairement des loges membraneuses qui contiennent des semences appellées pepins, dont l'enveloppe est coriace (81), comme la poire, la pomme.

Baie.

La baie est un péricarpe mou dans sa maturité, qui renferme une ou plusieurs semences dans une pulpe succulente (82.), comme dans la groseille, le raisin; quelquefois plusieurs petites baies sont rassemblées et portées sur un réceptacle commun, comme dans le fruit de la ronce.

Cône.

Le cône est composé d'écailles ligneuses, appliquées les unes contre les autres, fixées sur un axe ou péduncule commun qu'elles entourent, comme dans les pins, sapins, etc. Sous chacune des écailles, on trouve une ou deux semences anguleuses et ordinairement garnies d'une membrane ou espèce d'aîle, comme dans le pin. Le cône, dans le temps de la floraison, est un vrai chaton ou réceptacle commun, autour duquel sont disposées entre des écailles de petites fleurs incomplettes; mais après la floraison on doit le regarder comme un vrai péricarpe, puisque les écailles qui servent d'enveloppe aux semences en font les fonctions.

Noix.

La noix est un péricarpe plus ou moins dur, d'une seule pièce, quelquefois simplement coriace, comme dans la faine, la châtaigne, le gland, et quelquefois ligneux comme dans la noisette. Il ne faut pas, comme on voit, se former l'idée de la noix sur le fruit du noyer qui porte vulgairement ce nom. Le fruit du noyer est un véritable drupe.

Semence.

La semence est, comme on l'a vu, cette partie essentielle du fruit qui contient les rudiments d'un nouvel individu de la même espèce que celui par qui elle a été produite.

On appelle placenta la partie sur laquelle les semences reposent immédiatement, et qui leur transmet les sucs nécessaires à leur subsistance. Ouvrez une capsule d'œillet (84. *a.*), vous trouverez, dans le centre, un corps cylindrique, droit, libre, auquel les graines sont attachées. Ce corps cylindrique est le placenta des semences de l'œillet. Dans le solanum, la linaire, le capsicum, le placenta est adné à la cloison et fait corps avec elle (*b*). Dans la tulipe, l'aloës, le colchique, c'est le bord central des cloisons auxquelles les semences sont attachées qui forme le placenta (75. *b.*); dans les labiées, les semences sont attachées à un petit corps glanduleux et central, placé au fond du calice (73 *a.*); dans les boraginées, les semences sont appliquées de côté contre la base renflée du style (84. *c.*); dans les crucifères, les deux sutures des valves servent de placenta (78.); dans les légumineuses, une seule suture en fait les fonctions; dans les composées, le réceptacle de l'assemblage des fleurs devient le placenta des semences; enfin, dans les ombellifères, le placenta est cet axe central, filiforme, souvent fendu en deux, et du sommet duquel semblent pendre ces deux semences qui forment le fruit (73. *c.*).

Le premier objet que nous remarquons dans une semence, c'est la tunique qui l'enveloppe. Cette tunique est ordinairement membraneuse et très-adhérente à la semence, comme dans la faine. Quelques semences ont encore, outre cette enveloppe membraneuse, une tunique propre extérieure, qui se détache d'elle-même, comme dans le jasmin, le café, et qui porte le nom d'arille. Ordinairement un arille ne contient qu'une semence; quelqufois néanmoins il en renferme plusieurs, comme dans le fusain, le celastrus. Nous remarquons ensuite au sommet, à la base, ou sur les côtés de la semence un ombilic plus ou moins large, plus ou moins profond.

La forme de la semence fixe aussi nos regards. La semence est réniforme dans le haricot ; globuleuse, dans le pois; arrondie, dans l'orobe; triangulaire, dans les polygones. Quelquefois elle est surmontée du calice propre de la fleur qui persiste, comme dans la scabieuse, l'œnanthe ; alors on l'appelle couronnée. On dit que la semence est nue, si elle n'a d'autre enveloppe que sa tunique propre, comme dans les ombellifères, les labiées, les boraginées. On l'appelle couverte, lorsqu'indépendamment de sa tunique propre, elle est renfermée dans un péricarpe.

La nature toujours occupée de la conservation des espèces, a encore pourvu les semences d'appendices ou accessoires, dont les uns servent à les défendre contre la voracité des animaux, les autres à faciliter leur dispersion. Ainsi l'on voit des semences muriquées, échinées, c'est-à-dire, couvertes de piquants (85. *a.*), comme celles des caucalis; d'autres hérissées ou couvertes de poils rudes, comme celles de la carotte ; les unes portent une espèce de membrane saillante, plus ou moins ferme, appellée aîle, comme celles des bignones (*b.*) Il en est qui sont surmontées d'une jolie aigrette (*pappus*), quelquefois soyeuse et d'une blancheur éclatante. Cette aigrette fait voltiger la semence au gré du moindre vent. On l'appelle aigrette simple, lorsque les poils dont elle est formée n'ont aucune division dans leur longueur (*c.*), comme dans la laitue ; plumeuse si les poils sont rameux (*d.*), comme dans la scorsonère. On remarque encore si l'aigrette est sessile, c'est-à-dire, si elle repose immédiatement sur le sommet de la semence (*e.*), comme dans le laitron; ou bien si elle est stipitée, c'est-à-dire, portée sur un pivot (*c.*), comme dans la laitue, le pissenlit.

La semence, dans son intérieur, présente l'embryon formé des lobes (8.), de la radicule et de la plumule. Le nombre des lobes ou cotylédons n'est pas le même dans toutes les plantes; il y en a deux dans le haricot et dans le plus grand nombre des végétaux, qu'on appelle alors plantes dicotylédones. L'embryon n'a qu'un lobe dans les graminées, les palmiers, les liliacées, et ces plantes sont appellées monocotylédones (86. *a.*); celles dont l'embryon est dépourvu de lobes, comme dans les champignons, les mousses, les fougères sont appellées acotylédones.

Il n'existe point de plantes polycotylédones. A. L. Jussieu a observé que dans le pin et les autres conifères, que quelques botanistes regardent comme polycotylédones, l'embryon était simplement à deux lobes, partagés en découpures linéaires qui imitent un verticile polyphylle.

Les lobes de la semence se changent dans la germination en feuilles séminales, qui tombent lorsque la plantule peut se suffire à elle-même, et pomper les sucs de la terre. Dans peu de plantes seulement, les feuilles séminales, sont distiguées des lobes et placées au-dessus. Nous citerons pour exemple le haricot, le dolique et les autres genres voisins, dans l'ordre naturel.

Les lobes des plantes dicotylédones offrent des différences dans leur contexture, leur plicature, leur manière d'être dans la graine non germée et dans leurs développemens divers pendant la germination. Ces différences sont constantes et uniformes dans les plantes d'un même genre, et dans les genres qui composent les différents ordres de la méthode naturelle; par exemple, les lobes sont droits dans les rosacées (86. *b.*); ils sont repliés sur eux-mêmes dans les malpighies, les géranium (*c*); ils sont réfléchis sur la radicule (*d*) dans les capriers, les saponiers, les caryophyllées; ils sont recroquevillés (*e.*) dans les malvacées; contournées en S (*f.*), dans les liserons, etc.

L'embryon est entouré dans plusieurs plantes, d'un corps tantôt farineux, comme dans les graminées; tantôt corné, comme dans le café; tantôt ligneux, comme dans les ombelles. On donne à ce corps, comme nous l'avons dit, chapitre II, le nom de périsperme ou d'albumen. Le périsperme est contigu à l'embryon; assez ordinairement il l'entourre; quelquefois il en est entouré, et c'est pour exprimer cette manière d'être que A. L. Jussieu emploie l'expression de *typus* (moule). Les caryophyllées, les amaranthes, en offrent des exemples (87. *a.*) Goertner a observé dans quelques semences, et sur-tout dans celles des graminées, un petit corps situé entre l'albumen et l'embryon (*b.*), il lui a donné le nom de vitellus. Nous avons déja comparé l'albumen ou périsperme au blanc de l'œuf; on peut aussi comparer le vitellus au jaune du même œuf. Ce petit corps adhère à l'embryon qu'il entourre, et il diffère en ce point du périsperme qui n'est que contigu à l'embryon. Le périsperme et le vitellus n'existent pas toujours ensemble dans la même semence, comme on le voit dans l'embryon du lamia, coupé longitudinalement (*c.*) (*).

CHAPITRE VII.

Caractères fournis par les différences des organes. (**).

COMPAREZ la carotte avec le lilas, vous trouverez que ces plantes diffèrent dans toutes leurs parties. La racine est fusiforme, charnue, dans la carotte; elle est rameuse et fibreuse dans le lilas. La tige de la carotte est herbacée, celle du lilas est frutescente ou ligneuse. Les feuilles de la carotte sont

(*) La première figure (*b*) représente l'albumen coupé transversalement. On voit à sa base le vitellus qui renferme l'embryon. La seconde figure (*b*) représente le vitellus coupé longitudinalement. La plumule de l'embryon est oblongue, comprimée et sa radicule est à trois lobes.

(**) Nous n'envisagerons point ici les caractères comme conduisant à la recherche de la méthode naturelle, nous en parlerons en développant la méthode de Jussieu.

grandes, légérement velues, molles, deux ou trois fois aîlées, et à folioles partagées en découpures étroites, linéaires et pointues. Celles du lilas sont simples, presque en cœur, entières ou sans divisions et lisses. Les fleurs de la carotte sont disposées en ombelle, celles du lilas forment une espèce de pyramide, et sont disposées en thyrse. La corolle est à cinq pétales dans la carotte, mais dans le lilas, elle est monopétale, infundibuliforme, ayant un tube plus long que le calice, et un limbe à quatre découpures ovales, concaves et ouvertes. On trouve cinq étamines et deux styles dans la carotte, il n'y a que deux étamines et un style dans le lilas. Enfin, dans la carotte le fruit est ovale, hérissé de poils un peu roides, il se partage en deux semences qui ont chacune un côté plan et un côté convexe, tandis que dans le lilas, le fruit est une capsule oblongue, comprimée, acuminée, biloculaire, bivalve, renfermant dans chaque loge deux semences oblongues, comprimées, bordées d'une aîle membraneuse. Telles sont, entre ces deux végétaux, les différences qui fournissent des caratères ou des moyens pour les distinguer.

En botanique, on doit donc entendre par caractères, les marques distinctives qui servent à faire connaître les végétaux.

La connaissance des caractères est absolument nécessaire, puisque le nombre des objets à distinguer en botanique est très-considérable, et qu'un des principaux buts de cette science est la distinction précise de ces objets.

Mais les plantes, considérées entre elles, ne sont pas le seul objet qu'on doive distinguer en botanique ; il faut encore distinguer les divisions établies parmi les végétaux pour en rendre l'étude plus facile. Il y a donc deux sortes de caractères, les uns ont pour objet la distinction des plantes entre elles, et les autres servent à distinguer les divisions qui ont été faites dans la masse des végétaux.

Toutes les différences énoncées dans le chapitre précédent, concernant les racines, les tiges, les feuilles, les fleurs et les fruits, fournissent les caractères qui distinguent les plantes entre elles ; mais dans l'établissement des divisions qu'on est obligé de former pour se reconnaître dans l'immense quantité des végétaux, les caractères qui peuvent servir à établir ces divisions, ne doivent pas être tirés indifféremment de toutes les parties des plantes. Il y a nécessairement des raisons de préférence pour certains organes ; par exemple, les organes reproducteurs doivent l'emporter sur ceux qui contribuent à la conservation, et parmi les organes reproducteurs, ceux qui sont essentiels ont plus d'importance que ceux qui sont simplement accessoires. Ce principe est fondé, 1°. sur la prééminence due à des organes qui contiennent les gages de la génération future. 2°. Sur l'universalité de ces organes. Il n'est point en effet, de plantes privées d'organes sexuels, tandis que l'existance de la tige ou des feuilles ou du calice, ou de la corolle n'est point d'une nécessité absolue.

Résumons en peu de mots ce qui vient d'être dit.

1°. Les caractères sont des marques distintives qui servent à faire connaître les plantes.

2°. La connaissance des caractères est absolument nécessaire.

3°. Les caractères sont fournis par les différences dont chaque organe est susceptible.

4°. Il faut distinguer deux sortes de caractères. Les uns ont pour objet la distinction des plantes entr'elles, et ils sont fournis par les différences de tous les organes ; les autres ont pour objet la distinction des divisions établies dans l'ensemble des végétaux, et ils doivent être fournis seulement par les organes de la reproduction.

Linnæus distingue quatre espèces de caractères, 1°. le caractère factice ou artificiel qui se tire d'un signe arbitrairement convenu ; tels sont les caractères adoptés dans la plupart des méthodes. 2°. Le caractère essentiel, qui convient tellement aux plantes dans lesquelles il se manifeste, qu'il les distingue de toutes les autres. 3°. Le caractère naturel, qui se tire de tous les signes que peuvent fournir les plantes 4°. Le caractère habituel qui résulte de la conformation générale d'une plante ; on peut le comparer à la physionomie, qui résulte de toutes les modifications des traits du visage.

CHAPITRE VIII.

Individus, espèces, variétés, genres, ordres, classes, méthodes.

Individus.

On doit entendre par individu un être composé de parties qui concourent à former un tout. Ainsi un homme, un poisson, un chêne, sont des individus, parce qu'ils sont composés de parties dont la réunion sert à les former et à les rendre homme, poisson, ou chêne.

Espèce.

Les individus qui se ressemblent dans toutes leurs parties, qui proviennent d'un individu semblable, et qui doivent produire un individu semblable, constituent l'espèce. Ainsi, par exemple, toutes les asperges cultivées, qui croissent sur la terre ne forment qu'une seule et même espèce. On peut donc, en botanique, définir l'espèce, une succession d'individus semblables, qui croissent et se perpétuent, par une génération non interrompue.

Variétés.

Il survient cependant quelquefois des changemens ou des accidens aux individus; on les regarde alors comme des variétés. La température, le sol, l'exposition, les maladies, la culture changent souvent la physionomie propre des végétaux, les feuilles souvent se panachent de diverses couleurs, les fleurs deviennent pleines, multiples, etc. Le cultivateur a trouvé nonseulement les moyens d'entretenir les variétés, par des procédés ingénieux, mais encore de les faire naître, et de les multiplier; mais elles reviennent aisément à leurs premières formes, si leurs graines étant déposées dans le sein de la terre, aucun accident, aucun obstacle ne contrarie les loix de la nature. Il faut donc entendre par variétés, les individus de l'espèce, auxquels sont survenus quelques légers changements, ou quelqu'accident. Parmi les espèces qui fournissent uu grand nombre de variétés, on remarque la jacinthe, l'oreille d'ours, la tulipe.

Genres.

Les espèces sont l'ouvrage ou le produit de la nature, mais la nature étant infinie dans ses productions, il a fallu pour pouvoir en acquérir la connaissance, les soumettre à des distributions méthodiques, ou à différentes divisions arbitraires, imaginées pour soulager la mémoire. La première de ces divisions est appellée genre. Le genre réunit les espèces qui se ressemblent dans un grand nombre de leurs parties, et surtout dans les organes de la fructification, comme le calice, la corolle etc. Si l'on examine les différentes espèces qui forment le genre de la rose, de la renoncule, du jasmin, on verra que les espèces dans chaque genre, se ressemblent sur-tout dans les caractères tirés de la fructification.

Ordres.

La seconde division, également arbitraire, est appellée ordre, et l'ordre réunit tous les genres qui ont entre eux quelques caractérés uniformes et communs tirés de la structure de quelque partie de la fructification.

Classes.

La troisième division, pareillement arbitraire, se nomme classe; une classe renferme tous les ordres qui ont un très-petit nombre de caractères, ou un seul caractère uniforme et commun, choisi parmi ceux qui avaient servi à réunir les genres en ordres.

Méthodes.

Enfin de la réunion des classes résulte la méthode. On entend par méthode un arrangement des plantes, fondé soit sur un des organes de la fructification, qui par ses différences fournit plusieurs divisions, soit sur un très-petit nombre d'organes qui ont entre eux une analogie bien marquée.

Comme le choix de l'organe est purement arbitraire, je suppose qu'on choisisse la corolle, pour caractère d'une méthode (1), il

(*). Ce n'est point une nouvelle méthode que je propose ici, c'est seulement un exemple pour faire concevoir la nécessité des divisions et les rapports qu'elles doivent avoir entr'elles.

est évident que cet organe fournira cinq divisions ou cinq classes, dans lesquelles peuvent se ranger tous les végétaux. Savoir :

Classe première, corolle nulle, ou n'existant pas.
Classe 2, corolle monopétale régulière.
Classe 3, corolle monopétale irrégulière.
Classe 4, corolle polypétale régulière.
Classe 5, corolle polypétale irrégulière.

Chacune de ces cinq classes renfermera plusieurs ordres. Le choix du caractère des ordres étant également arbitraire, je suppose qu'on désigne le fruit, pour caractère des ordres ; cet organe, en raison des différentes espèces de péricarpe, fournira plusieurs divisions dans chaque classe, par exemple :

Ordre premier, baie.
Ordre 2, capsule.
Ordre 3, follicule. etc., etc.

On conçoit qu'il faudra réunir dans un mêm eordre tous les genres qui, ayant déjà le caractère de la classe, seront encore conformes par le fruit. Appliquons au jasmin, au lilas, au troëne, ce qui vient d'être dit. Ces trois genres ont la corolle monopétale régulière, ils doivent donc appartenir à la seconde classe, mais le fruit qui est une baie dans le jasmin et dans le troëne, est une capsule dans le lilas ; il s'en suit donc que ces trois genres ne doivent pas appartenir au au même ordre. Le jasmin et le troëne doivent être rapportés à l'ordre premier, et le lilas à l'ordre second.

Les ordres sont composés de genres, les genres renferment un plus ou moins grand nombre d'espèces. Ici les caractères ne dépendent plus du choix du botaniste ; il faut que les espèces qui composent un genre se ressemblent dans toutes les parties de la fructification, de même que tous les individus qui composent l'espèce doivent se ressembler dans toutes les parties du végétal.

Résumons ce qui a été exposé dans ce chapitre. De la réunion des individus semblables dans toutes leurs parties résulte l'espèce ; les espèces conformes dans toutes les parties de la fructification constituent le genre. Les genres sont réunis en ordres, d'après un petit nombre de caractères choisis parmi ceux qui avaient servi à réunir les espèces en genres ; les ordres sont réunis en classes d'après un plus petit nombre de caractères, quelquefois d'après un seul, choisi parmi ceux qui avaient servi à réunir les genres en ordre, ou si l'on veut :

L'espèce exige l'universalité des caractères.

Le genre se borne aux caractères fournis par la conformité des organes de la fructification.

L'ordre renferme quelques caractères du genre.

La classe est concentrée dans un plus petit nombre.

Par le moyen de ces distinctions, toutes les productions végétales se trouvent distribuées, selon l'observation d'un célèbre botaniste, comme un grand corps de troupes. L'armée est divisée en régimens, les régimens en bataillons, les bataillons en compagnies, et les compagnies en soldats. D'après cette comparaison, il est évident que pour trouver le nom d'une plante inconnue, il faut d'abord chercher, dans la méthode qu'on étudie, la classe à laquelle on doit la rapporter, ensuite l'ordre qui lui convient dans cette classe, puis le genre auquel elle appartient, et l'on arrive insensiblement au nom de l'espèce, ou de la plante inconnue.

CHAPITRE IX.

Histoire de la botanique.

Les végétaux furent sans doute un des premiers objets sur lesquels l'homme fixa son attention; les productions de la nature, qui étaient le plus à sa disposition, lui fournirent des ressources assurées pour satisfaire ses besoins essentiels, et des soulagemens aux maladies qui l'assiègent. La connaissance des plantes utiles se perpétua par tradition, mais comme cette connaissance n'était que l'habitude d'envisager leur figure particulière, la botanique ne fit aucuns progrès, ou, pour parler plus exactement, la botanique n'avait point d'existence réelle.

Plusieurs siècles s'écoulèrent sans qu'on soupçonnât seulement que la nature avait, si je puis m'exprimer ainsi, imprimé, jusque sur le front des plantes, des caractères constans. La recherche de leurs propriétés et de leurs vertus était le seul but que les anciens se proposaient; aussi les premières méthodes ne nous montrent que des arrangemens fondés sur la considération des qualités des végétaux. Ceux qui se piquaient le plus de connaître les plantes n'avaient aucune idée de leur structure ni de l'économie végétale.

La botanique, cette science aimable, n'étant assujettie à aucune loi, resta, pendant plusieurs siècles, flottante et circonscrite dans des bornes assez étroites. Enfin ceux qui la cultivaient comprirent que pour lui donner l'impulsion dont elle était susceptible, il fallait s'appliquer à la recherche des caractères.

L'époque de la renaissance des lettres fut enfin celle du nouvel essor que prit la botanique. Des savans distingués par leurs recherches, leurs observations et leurs écrits, jettèrent les fondemens de cette science. Gesner, le premier, distingua qu'il fallait diviser les plantes en classes, en genres et en espèces, il démontra même la nécessité de chercher dans la fleur et le fruit, les caractères distinctifs des classes et des genres. Ce principe si avantageux à la science fut presque généralement adopté par ceux qui la cultivaient.

Le nombre des plantes connues augmentait de jour en jour, et devenait si considérable, qu'il paraissait presqu'impossible d'en saisir l'ensemble, dans des distributions qui n'avaient aucune liaison entre elles. Cœsalpin présenta le premier un fil pour aider à sortir de ce labyrinthe. Il imagina une méthode dont les divisions embrassaient toutes les plantes connues de son temps. Une découverte aussi intéressante frappa vivement les botanistes, qui s'appliquèrent dès lors à établir différentes méthodes fondées sur les bases qui leur paraissaient les plus solides. Malheureusement le peu d'accord qui regnait entre les auteurs, à l'égard des noms qu'ils attachaient aux plantes, rendait présqu'inutiles leurs ouvrages intéressants. Ce fut dans ces circonstances, que parurent les deux frères Jean et Gaspard Bauhin, qui arrachèrent la botanique du cahos dans lequel elle était menacée d'être engloutie. Ces deux hommes à jamais célèbres entreprirent chacun de leur côté non-seulement d'écrire une histoire universelle des plantes, mais ce qui était infiniment plus utile, d'y joindre une liste exacte des noms que chacune d'elles portait dans tous les auteurs qui les avaient précédés. Ce fut alors que la botanique changea presque totalement de face. On put consulter les écrits qui avaient été faits sur cette science et profiter des observations qu'ils renfermaient.

La fin du dix-septième siècle est une époque célèbre par les progrès que firent presque toutes les sciences en général, et c'est à cette époque que parut Tournefort. Cet homme de génie, ce français, qui fait tant d'honneur à sa patrie, trouva la botanique dans une confusion presque semblable à celle dont les travaux des Bauhin l'avaient arrachée. Les écrivains postérieurs à ces deux illustres frères, voulant classer les plantes nouvellement découvertes, réglaient la nomenclature sur la méthode qu'ils avaient adoptée, déterminaient les genres à leur manière, sans qu'aucun d'eux pût entraîner le suffrage général, et l'arbitraire s'était établi dans toutes les parties de la science. Tournefort, après avoir long-temps médité sur toutes les parties du végétal, uniquement occupé des moyens de faciliter l'étude de la botanique, en disposant les plantes d'après un ordre convenable, introduisit une méthode infiniment supérieure à celles qui avaient été imaginées. Après avoir établi, comme Gesner, que c'était dans la fleur et le fruit qu'il fallait chercher les caractères génériques; il se conforma à ce principe dans la création de ses genres, et il en établit de deux ordres. Ceux du premier reposent uniquement sur la fructification et ceux du second ont de plus un caractère accessoire.

Mais parmi les caractères de la fructification, Tournefort avait négligé ceux qu'on pouvait tirer des étamines, qu'il regardait, selon l'opinion la plus généralement reçue dans son temps, comme des vaisseaux excrétoires.

Il était réservé à Linnæus de faire valoir les caractères fournis par les organes les plus essentiels de la fleur. A la vérité, le botaniste suédois n'est pas le premier qui ait éatbli et démontré l'existence des organes sexuels; Grew, Vaillant, Geoffroy et plusieurs autres savans, étaient convaincus de l'existence des organes sexuels dans les plantes. On le voit par leurs écrits, et par les expériences qu'ils ont faites pour s'assurer de la véritable fonction des étamines et des pistils, mais il fut le premier qui, après avoir calculé leur importance, s'en servit, comme d'une base solide, pour élever un systême ingénieux. Les fonctions de l'étamine et du pistil, bien connues, lui fournirent des caractères d'une plus grande valeur, qu'il préféra dans l'établissement de ses genres, Ces nouveaux caractères, réunis à ceux déjà connus dans la fructification, confirmèrent le principe avancé par Gesner et rétabli par Tournefort.

Linnæus rejetta les genres secondaires du botaniste français; il travailla de nouveau ceux du premier ordre, en ajoutant aux uns et aux autres les caractères tirés des étamines, du pistil, de même que ceux du calice, de la corolle et du fruit, lorsqu'ils avaient été négligés ; ayant toujours égard au nombre, à la forme, à la proportion et à la situation de ces organes. Alors parut cette belle suite de genres ou nouveaux ou retouchés, travaillés d'après un plan uniforme, qui assurent à leur auteur l'estime et la reconnaissance des amis de la science de la nature; et qui seront à jamais un fondement solide sur lequel reposera surement la science des végétaux.

Linnæus ne se borna pas à élever un système, et à donner aux genres toute la perfection dont ils étaient suscesptibles ; il porta ses regards sur tout ce qui concerne la botanique, et par-tout il introduisit des réformes salutaires ; il créa, pour ainsi dire, la langue de cette science, comme on le voit par les expressions qu'il emploie pour désigner les différences des organes.

Rien n'était plus maussade et plus ridicule, dit J. J. Rousseau, lorsqu'une femme, ou quelques-uns de ces hommes qui leur ressemblent, vous demandait le nom d'une herbe ou d'une fleur dans un jardin, que la nécessité de cracher en réponse, une longue enfilade de mots latins, qui ressemblent à des évocations magiques ; inconvénient suffisant pour rebuter les personnes frivoles, d'une étude charmante, offerte avec un appareil, aussi pédantesque. Linnæus rendit donc un service essentiel à la botanique en brisant les liens et les entraves dont les plantes étaient embarrassées. Aux longues périodes, aux phrases botaniques dont les anciens se servaient pour nommer les plantes, il substitua deux noms, l'un substantif pour le genre, l'autre adjectif pour l'espèce, comme, par exemple, jasmin commun, jasmin des açores, jasmin à grandes fleurs. Le mot *jasmin* est le mot générique, il convient à toutes les espèces du genre; les mots *commun*, *des açores, à grandes fleurs*, sont des mots spécifiques, par le moyen desquels on distingue une espèce d'une autre espèce. On pourrait même pour imiter la précision de la langue latine dans laquelle écrivait Linnæus, dire, jasmin açorique, jasmin grandiflor.

D'après les règles établies par Linnæus, le nom générique doit être immuable et simple. Il ne doit être ni ampoulé, ni barbare, ni d'une consonnance désagréable. Il doit servir ordinairement de récompense aux travaux des botanistes dont il emprunte le nom. Il doit plutôt nommer que signifier, et il ne doit jamais être formé d'un autre nom, par l'addition, ou le retranchement d'une ou de plusieurs syllabes. Le nom spécifique doit pareillement être simple, facile, signifiant, et sur-tout tiré du caractère le plus tranchant de l'espèce. A défaut de ce caractère on peut substituer celui du pays, de la saison, de la couleur, de l'odeur, de la saveur; c'est ce qu'on appelle le non trivial.

Nous passerons sous silence les autres travaux utiles du botaniste suédois, mais nous insisterons sur le plan qu'il a tracé pour les descriptions dont il a donné d'excellens modèles dans plusieurs ouvrages. Il est évident que pour faire connaître une plante à ceux qui ne sont pas dans le cas de la voir, il est absolument nécessaire de la décrire.

La description des plantes est le moyen le plus assuré pour faire des progrès en botanique; et pour pouvoir décrire, il suffit de connaître les éléments de cette science. On n'oublie pas les caractères d'une plante qu'on a décrite avec soin, et on peut alors demander son nom, si on ne veut pas prendre la peine de le chercher.

Les descriptions faites par les anciens, étaient si vagues et si imparfaites, qu'il est souvent très-difficile d'y reconnaître la plante dont ils ont voulu parler.

On doit commencer par indiquer si la plante est herbe, sous-arbrisseau, arbrisseau ou arbre; qu'elle est son élévation, et quel est son pays natal. On décrit ensuite, successivement et par ordre, toutes les parties du végétal, savoir la racine, la tige, les rameaux, les feuilles, l'inflorescence, le calice, la corolle, les étamines, le pistil, le péricarpe et la semence. Tous les organes doivent être considérés, quant à leur présence ou à leur absence, leur nombre, leur situation, leur direction, leur connexion, leur figure et leur proportion. On termine la description, en indiquant le nom vulgaire sous lequel la plante est connue, l'usage auquel elle est employée, et le sol qui lui convient.

Une description trop longue ou trop courte est mauvaise. La description est trop longue, lorsqu'en style prolixe, on détaille des minuties sujettes à varier. Elle est trop courte, lorsqu'on obmet des parties essentielles. Le lin commun nous fournira un exemple d'une description naturelle et vraie.

Lin commun. Plante herbacée, de la hauteur d'un pied et demi, croissant naturellement dans le midi de l'Europe, et cultivée dans plusieurs pays ☉.

Racine, fibreuse, simple, pivotante, tortueuse, pâle et garnie de quelques fibres latérales (chevelus.)

Tige, droite, grèle, cylindrique, lisse, feuillée, presque simple, rameuse à son sommet.

Rameaux, disposés en corymbe, droits, axillaires, grèles, presque filiformes et lisses.

Feuilles, éparses, sessiles, simples, linéaires-lancéolées, à trois nervures presque insensibles, aigues, presque droites, d'un verd tendre, et longues d'environ un pouce.

Inflorescence. Fleurs d'un bleu clair, pédunculées, situées aux sommités de la plante, longues de six lignes et larges de quatre environ. *péduncules*, filiformes, nuds, uniflores; les uns terminent les rameaux, les autres sortent des aisselles des feuilles supérieures, et sont souvent trois fois plus longs qu'elles.

Calice, quinquéphylle; *folioles*, ovales,

mucronées. droites, scarieuses et blanchâtres en leurs bords latéraux, persistantes, longues de trois lignes.

Corolle, cinq pétales unguiculés, plus grands que le calice; onglets, droits, formants un tube par leur rapprochement ; lames ovales, obtuses, obscurément crénelées en leur bord supérieur, ouvertes et imitant dans leur ensemble le limbe d'une corolle campanulée ou infundibuliforme.

Etamines, plus courtes que les pétales, dix filamens subulés, droits, inégaux, réunis à leur base en forme d'anneau; cinq de ces filaments portent des anthères sagittées, et les autres, stériles (sans anthères), sont interposés parmi les filaments fertiles, et plus courts.

Pistil, germe supérieur, ovoide, surmonté de cinq styles filiformes, droits, de la longueur des étamines; stygmate, simple, réfléchi.

Péricarpe, capsule globuleuse, légèrement acuminée, à dix loges, s'ouvrant par cinq valves géminées.

Semences, solitaires, ovoides, comprimées, acuminées, luisantes; embryon droit, renversé, sans périsperme ; lobes elliptiqnes ; radicule, légèrement cylindrique et supérieure.

Le lin d'usage ou lin commun est cultivé dans les terres fortes et un peu humides. Il fleurit en messidor, ses fruits murissent en vendémiaire, et la plante périt bientôt après ;

on retire du lin la matière qui sert à la fabrication de la toile; sa graine est employée dans les arts et dans la médecine.

Le botaniste qui décrit une plante, doit encore, non-seulement citer ses synonimes, c'est-à-dire, les différents noms qui lui ont été donnés, sur-tout par ceux qui en ont parlé les premiers; mais encore indiquer les figures qui en ont été tracées. Les figures parlent aux yeux et contribuent beaucoup à l'avancement de la science, quand elles sont exactes, correctes et qu'elles contiennent les détails de la fructification.

Ainsi, par une nomenclature aisée, au moyen des descriptions exactes, d'une synonimie certaine et éclairée, on parvient avec facilité à la connaissance du genre et de l'espèce.

Il semble qu'après les travaux du professeur d'Upsal, les principes de la botanique étant fixés, la nomenclature établie, une méthode ingénieuse dans laquelle tous les végétaux s'ennorgueillissent de se ranger étant universellement adoptée, la découverte de nouvelles plantes pouvait seule reculer les bornes de la science; mais l'expérience démontre que le temps, en augmentant la masse des connaissances humaines, ajoute de jour en jour à leur perfection.

En effet, parmi les auteurs qui ont cherché à classer les plantes, les uns se sont fait des principes arbitraires; ils ont choisi des caractères de convention, d'après lesquels ils ont formé leurs distributions. Ainsi, l'un a choisi la corolle, l'autre les étamines, l'autre le fruit, pour base d'une méthode; il en est résulté que ces distributions, faites avec plus ou moins d'intelligence, ont donné des moyens plus ou moins prompts et faciles de trouver le nom des plantes. Ce sont des espèces de tables méthodiques, dans lesquelles chaque plante se trouve placée dans un ordre déterminé, qui permet d'en faire la recherche; mais un inconvénient de ces méthodes, est de rapprocher des êtres qui semblent naturellement différer beaucoup, et qui diffèrent en effet dans plusieurs points, pendant qu'ils se ressemblent dans le seul qui a été choisi pour base de la méthode; elles ont également le défaut de séparer quelquefois les plantes qui se ressemblent dans beaucoup de points, mais qui diffèrent dans le caractère classique de convention.

Frappé des inconvénients qui résultent nécessairement de ces sortes de distributions, le célèbre B. de Jussieu crut que la véritable science ne devait pas admettre de principes arbitraires, qu'elle était une, invariable, fondée sur des principes constants, puisés dans la nature qui fournit elle-même une méthode basée sur les rapports qui unissent les végétaux. L'étude de ce célèbre naturaliste, et celle de A. L. Jussieu, son digne successeur, ont été de chercher ces principes, de trouver ces rapports, et d'en déduire des rapprochements qui ne contrarient pas la marche de la nature. Le succès a couronné leur espoir, et le *ganera* de A. L. Jussieu en est une preuve bien satisfaisante.

CHAPITRE X.

Méthodes artificielles.

DEUX sortes de routes conduisent à la connaissance des plantes, l'une est la méthode artificielle et l'autre la méthode naturelle.

La méthode artificielle fait choix d'un certain nombre de caractères, elle se divise en système et en méthode proprement dite. Le système est un arrangement, un ordre général fondé, dans son ensemble, sur les mêmes principes, soit que l'auteur ne fasse usage que d'une seule partie de la fructification, soit qu'il en emploie un très-petit nombre, qui ayent entre elles une analogie hien marquée. La méthode, au contraire, est un arrangement fondé sur des principes moins fixes, moins déterminés, et dont on peut s'écarter toutes les fois qu'on le juge nécessaire ou avantageux.

La méthode de Tournefort et le système de Linnæus tiennent le premier rang parmi les distributions arbitraires.

Pl. 10

Méthode de Tournefort.

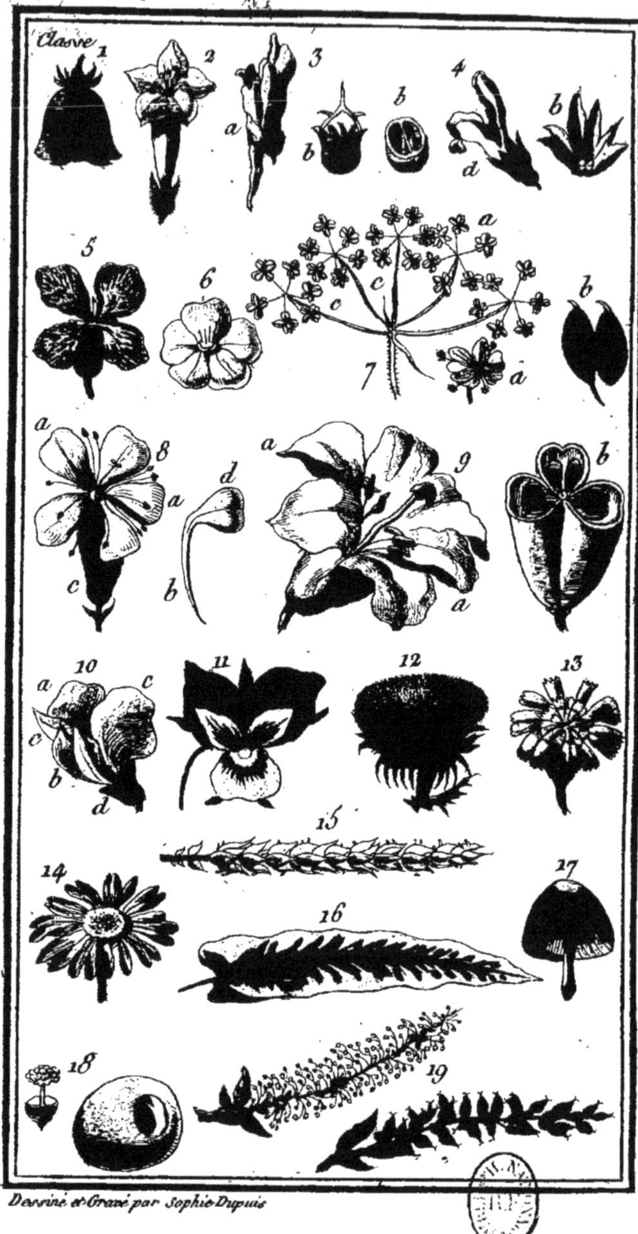

Dessiné et Gravé par Sophie Dupuis

Méthode de Tournefort.

Tournefort posa les fondements de sa méthode sur la corolle, (qu'il appellait la fleur) il donna la préférence à cet organe, qui est le plus frappant, et qui fournit un grand nombre de caractères faciles à observer. Ce célèbre botaniste, n'osant pas s'écarter entiérement de la route frayée par les anciens, conserva la distinction des plantes en herbes et en arbres.

Il distingua, dans ces deux divisions, les fleurs qui ont des pétales d'avec les fleurs qui n'en ont pas. Comme les fleurs qui ont des pétales sont en grand nombre, il les subdivisa en fleurs simples et en fleurs composées; les fleurs simples sont ou monopétales, on polypétales; les fleurs monopétales, les flenrs polypétales sont on régulières ou irrégulières. Les fleurs composées sont formées de l'agrégation d'un grand nombre de fleurs; ainsi la distinction particulière de chaque classe, dans la méthode de Tournefort, est tirée de la corolle, en considérant, 1°. sa présence ou son absence. 2°. Sa disposition simple ou composée. 3°. Le nombre de ses parties, qui la constituent monopétale ou polypétale. 4°. La figure des pétales qui est régulière ou irrégulière.

De ces considérations, résultent dix-sept classes pour les herbes et sous-arbrisseaux, et cinq pour les arbres et arbustes.

HERBES.

Monopétales régulières.	Classe 1. Campaniformes, herbes à fleurs simples, d'un seul pétale regulier, imitant une cloche, un bassin, un grelot, comme dans la campanulle, le liseron.
	Clas. 2. Infundibuliformes, herbes à fleurs simples, d'un seul pétale, régulier, imitant un entonnoir, une roue, etc., comme dans le jasmin, la bourache, la nicotiane.
Monopétales irrégulières.	Clas. 3. Personnées, fleurs simples, monopétales, irrégulières (*a.*); les semences sont renfermées dans un péricarpe (*b.*), comme dans la linaire.
	Clas. 4. Labiées, fleurs simples, monopétales, irrégulières (*a.*), les semences sont nues, au fond du calice qui persiste (*b.*), comme dans la sauge, les marubes.

Polypétales régulières.

Clas. 5. Crucifères, fleurs simples, polypétales régulières, composées de quatre pétales disposés en croix, comme dans la giroflée, le choux, la julienne.

Clas. 6. Rosacées, fleurs simples, polypétales régulières, composées d'un nombre déterminé de pétales disposés en rose, comme le fraisier, la potentille.

Clas. 7. Ombellifères, fleurs simples, polypétales régulières, composées de cinq pétales disposés en rose (*a.*); mais distinguées des rosacées par leurs pétales souvent inégaux, par leur fruit composé de deux semences réunies (*b.*), et par la disposition des péduncules, qui partent d'un centre commun, en s'évasant en forme de rayons, de parasol (*c.*), comme dans l'angélique, le fenouil, la berce.

Suite des polypétales régulières.

Clas. 8. Caryophyllées, fleurs polypétales régulières (*a.*), dont l'onglet (*b.*) est attaché au fond d'un calice cylindrique (*c.*), formé d'une seule pièce, sur les bords duquel les lames s'évasent (*d.*) et sont disposées en rose, comme dans la saponaire, l'œillet.

Clas. 9. Liliacées, fleurs polypétales régulières, composées ordinairement de six pétales (*a.*), quelquefois de trois, ou même d'un seul, divisé en six parties à son limbe. Les semences renfermées dans une baie ou capsule triloculaire (*b.*), trivalve, comme dans le lis.

Polypétales irrégulières.

Clas. 10. Papillonacées ou légumineuse, fleurs polypétales irrégulières, composées de quatre ou cinq pétales, qui sortent du fond du calice; le supérieur nommé étendard, l'inférieur, quelquefois divisé en deux et appellé carène, deux

Suite des polypétales irrégulières.

latéraux, qu'on nomme aîles, et qui sont souvent munis de deux oreillettes vers leur naissance, comme dans la luzerne, le haricot, (*a. b. c. d.*)

Clas. 11. Anomales, fleurs polypétales irrégulières, d'une forme bisarre, comme la capucine, la violette.

Composées.

Clas. 12. Flosculeuses, fleurs composées par l'agrégation de plusieurs petites corolles monopétales, régulières, infundibuliformes, découpées dans leur limbe en quatre ou cinq parties. Ce sont ces petites corolles, qu'on nomme fleurons, comme dans le chardon (*v. fig.* 65.*b.*)

Clas. 13. Semi flosculeuses, fleurs composées par l'agrégation de plusieurs petites corolles monopétales, dont la partie inférieure est un tuyau étroit, et la supérieure une lame étroite, en forme de petite langue dentelée à son sommet. Ces petites corolles portent le nom de demi-fleurons, comme dans la laitue l'épervière, le pissenlit, (*v. fig.* 65. *a.*)

Suite des composées. Clas. 14. Radiées, fleurs composées par l'agrégation de plusieurs fleurons dans le centre, et de demi-fleurons à la circonférence, comme la reine-marguerite, les soleils.

Apétales. Clas. 15. Apétales, ou fleurs à étamines sans pétales, comme le froment. Dans quelques unes, certaines parties ressemblent à des pétales, mais ne peuvent pas être considérées comme telles, puisqu'elles subsistent après la floraison, comme dans l'oseille.

Clas. 16. Apétales sans fleurs et sans étamines, plantes qui n'ont point de fleurs apparentes; mais seulement des espèces de graines, disposées tantôt sur le dos des feuilles, comme dans le polypode, la

Suite des Apétales.

scolopandre, tantôt sur un péduncule commun, comme dans l'osmonde.

Clas. 17. Apétales sans fleurs, ni graines, plantes qui n'ont ni fleurs ni fruits apparents, comme les champignons.

ARBRES.

Apétales.

Clas. 18. Arbres ou arbustes à fleurs apétales, ou à étamines sans pétales. Les fleurs à étamines des arbres sont ou attachées au fruit, comme dans le fresne, ou séparées des fruits sur le même pied, comme dans l'if d'europe, le buis, ou sur des pieds différents, comme dans le lentisque.

Clas. 19. Arbres ou arbustes à fleurs apétales, amentacées, attachées plusieurs ensemble sur une queue, nommée chaton, séparée du fruit, tantôt sur le même pied (monoiques), comme dans le noyer, tantôt

		sur des pieds différents, comme dans le saule (dioiques.)
Monopétales régulières.	Clas. 20.	Arbres ou arbustes à fleurs monopétales infundibuliformes, comme dans le jasmin, le troëne; en grelot, comme dans l'arbousier.
Polypétales régulières	Clas. 21.	Arbres ou arbustes à fleurs rosacées, comme l'oranger, le cérisier, l'alisier.
Polypétales irrégulières.	Clas. 22.	Arbres ou arbustes à fleurs papillonacées, comme dans le cytise, le faux accacia, le gainier ou arbre de Judée.

Tournefort après avoir tiré de la corolle les distributions générales des classes, a établi celles des ordres, auxquels il donne le nom de sections, principalement sur le fruit, qu'il considère comme provenant du pistil ou du calice, comme étant mou ou sec, comme formant une silique ou une capsule, et comme étant à une loge ou à plusieurs, etc.

A l'égard de la distinction des espèces d'un même genre, Tournefort l'a empruntée de ce qui se présente de particulier dans la struc-

de Tournefort

Suite de la Méthode de Tournefort

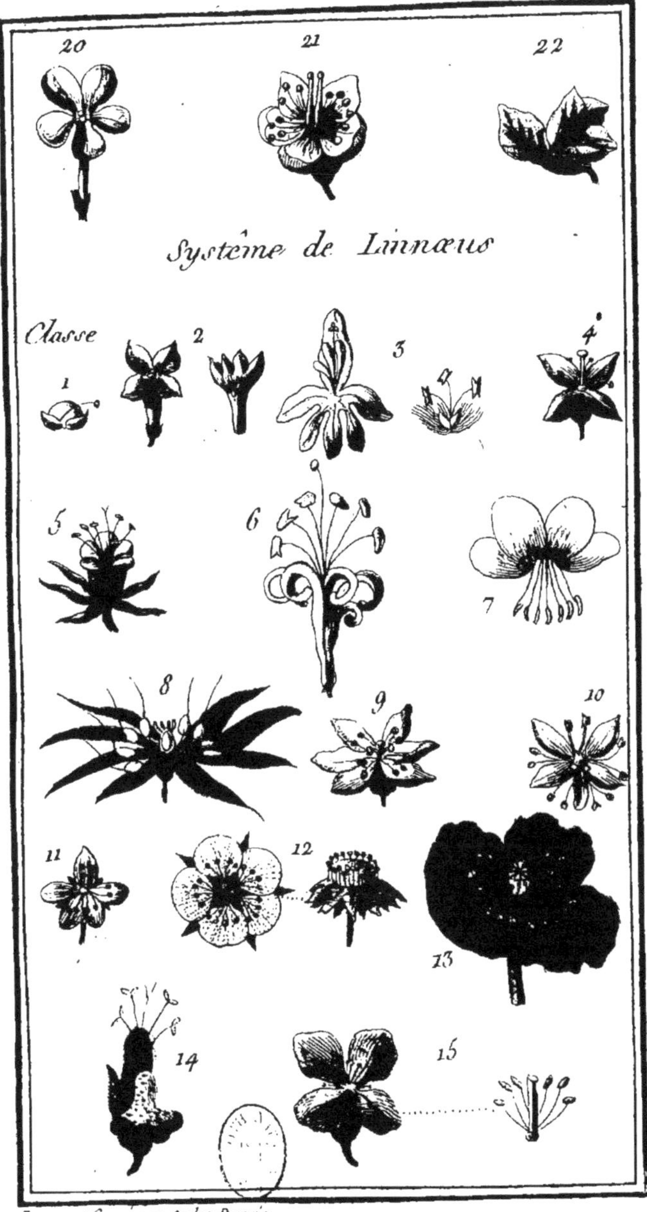

Dessiné et Gravé par Sophie Dupuis

ture de quelques-unes de leurs parties, comme tiges, feuilles, racines, ce qui lui a servi à construire ses phrases qui, le plus souvent, sont courtes, et exposent clairement les marques principalement distinctives; par exemple, *corona solis, tuberosâ radice;* (*helianthus tuberosus*. Lin.) *corona solis, rapunculi radice.* (*helianthus strumosus*. Lin.)

Système de Linnæus.

Linnæus distingua, dans son système sexuel, les plantes dont les fleurs sont visibles d'avec celles dont les fleurs sont invisibles. Les plantes à fleurs visibles sont ou hermaphrodites ou unisexuelles; les hermaphrodites varient. soit par le nombre et la situation, soit par la proportion, soit par la réunion des étamines.

Telles sont les considérations d'après lesquelles le système sexuel est divisé en vingt-quatre classes, désignées chacune par un nom dérivé de deux mots grecs.

Nous allons en parcourir le système figuré, en observant, comme pour la méthode de Tournefort, et celle de Jussieu, que les figures nécessaires pour l'intelligence du texte, sont placées sous les numéros de chaque classe.

Fleurs visibles hermaphrodites.

Nombre des étamines.

- Clas. 1. Monandrie (*un mari*), fleurs à une étamine, comme le callitric, le corysperme.
- Clas. 2. Diandrie (*deux maris*), fleurs à deux étamines, comme le jasmin, le lilas, la véronique.
- Clas. 3. Triandrie (*trois maris*), fleurs à trois étamines, comme le glayeul, les graminées.
- Clas. 4. Tétrandrie (*quatre maris*), fleurs à quatre étamines, comme le cornouiller, les rubiacées.
- Clas. 5. Pentandrie (*cinq maris*), fleurs à cinq étamines, comme l'hydrophylle, les ombellifères.
- Clas. 6. Hexandrie (*six maris*), fleurs à six étamines, comme les aléthris, le lis, la tulipe.

Nombre des étamines.

Clas. 7. Heptandrie (*sept maris*), fleurs à sept étamines, comme le maronier.

Clas. 8. Octandrie (*huit maris*), fleurs à huit étamines, comme la bruyère, la daphné, la parisette.

Clas. 9. Ennéandrie (*neuf maris*), fleurs à neuf étamines, comme la rhubarbe.

Clas. 10. Décandrie (*dix maris*), fleurs à dix étamines, les caryophyllées,

Clas. 11. Dodécandrie (*douze maris*), fleurs à douze étamines, comme l'aigremoine.

Nombre et situation des étamines.

Clas. 12. Icosandrie (*vingt maris*), fleurs qui ont environ vingt étamines attachées au calice, comme les rosacées.

Clas. 13. Polyandrie (*plusieurs maris*), fleurs à plus de vingt étamines, qui ne tiennent pas au calice, comme le pavot.

Proportion des étamines.

Clas. 14. Didynamie (*deux puissances*), fleurs à quatre étamines, dont deux grandes et deux petites, comme dans les labiées, les personnées.

Clas. 15. Tétradynamie (*quatre puissances*), fleurs à six étamines, dont deux petites, opposées, et quatre plus grandes, comme les crucifères.

Réunion des étamines dans quelques-unes de leurs parties.

Clas. 16. Monadelphie (*un seul frère*), fleurs à plusieurs étamines, réunis par leurs filamens en un seul corps, comme les mauves.

Clas. 17. Diadelphie (*deux frères*) fleurs à plusieurs étamines, réunies par leurs filamens en deux corps, comme le plus grand nombre des légumineuses.

Clas. 18. Polyadelphie (*plusieurs frères*), fleurs à plusieurs étamines, réunies par leurs filamens en plusieurs corps, comme le mille-pertuis.

Suite de la réunion des étamines.

Clas. 19. Syngénésie (*génération ensemble*), fleurs à plusieurs étamines réunies en forme de cylindre par les anthères, comme dans les fleurs composées, savoir, les flosculeuses, les semiflosculeuses et les radiées.

Clas. 20. Gynandrie (*femme mari*), fleurs à plusieurs étamines réunies et attachées au pistil, comme les orchis, l'aristoloche.

Fleurs visibles, unisexuelles ou diclines.

Clas. 21. Monoécie (*une maison*), fleurs mâles et femelles, séparées sur un même individu, comme le noisetier.

Clas. 22. Dioécie (*deux maisons*), fleurs mâles et femelles, séparées sur différents individus, comme le saule, le chanvre.

Clas. 23. Polygamie (*plusieurs noces*), fleurs hermaphrodites et fleurs unixuelles, soit mâles, soit femelles, portées sur le même individu, comme la pariétaire, le fresne, l'aroche.

Fleurs difficiles à appercevoir.

Clas. 24. Cryptogamie (*noces cachées*), fleurs presque invisibles, comme les champignons, les algues, les mousses, les fougères.

Les vingt-quatre classes du système de Linnæus sont divisées chacune en plusieurs ordres.

Dansles treize premières classes, les ordres sont fournis par le nombre des styles; ainsi les plantes de la première classe ou de la monandrie, qui n'ont qu'un ou deux styles, sont divisées en deux ordres, savoir, monandrie-monogynie, monandrie-digynie. Les plantes de la dixième classe ou de la décandrie, qui ont tantôt un style, tantôt deux, trois, cinq et dix, sont divisisées en cinq ordres, savoir, décandrie-monogynie, décandrie-digynie; décandrie-trigynie, décandrie-pentagynie, décandrie - décagynie, etc. etc.

La quatorzième classe, didynamie, est divisée en deux ordres, savoir, didynamie gym-

[illegible] les [illegible]

[illegible] les longs [illegible]

[illegible] ans [illegible]

[illegible] en [illegible]

[illegible] ane [illegible]

[illegible] andes [illegible]

[illegible]

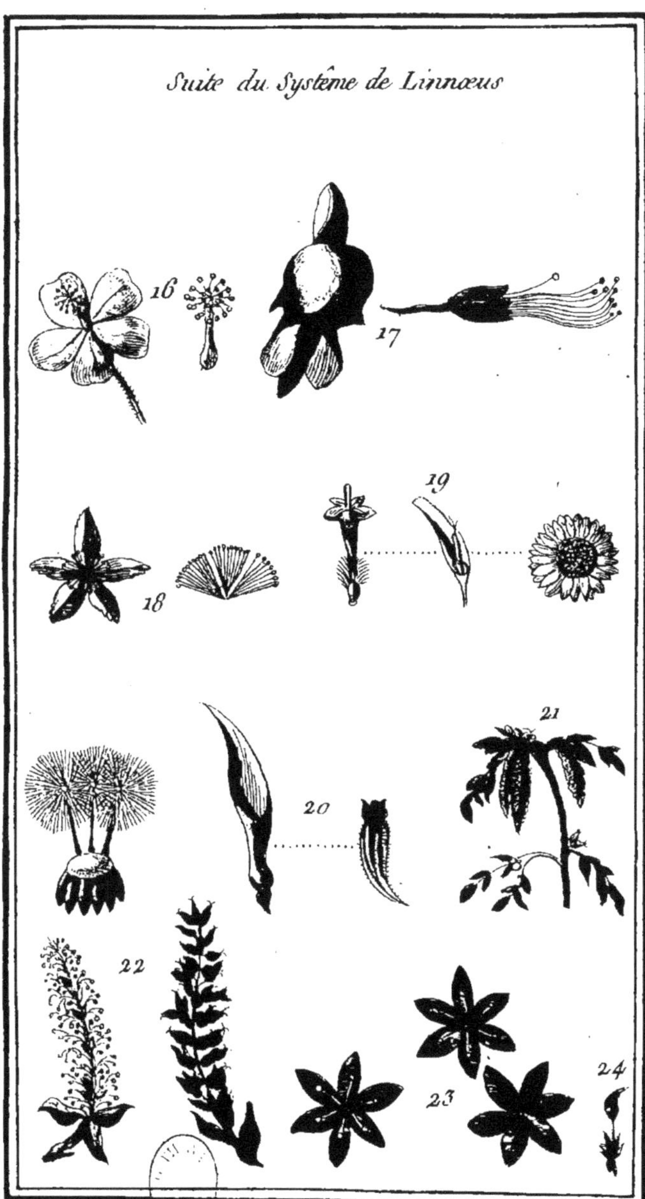

Dessiné et Gravé par Sophie Dupuis

nospermie (semences nues) et didynamie angiospermie (semences dans un péricarpe).

La quinzième classe, tétradynamie, est également divisée en deux ordres, savoir, tétradynamie-siliculeuse (petites siliques) et tétradynamie-siliqueuse (grandes siliques.)

Les ordres des classes 16, 17 et 18 sont fournis par le nombre des étamines, ou ce qui revient au même, par les classes précédentes; ainsi, par exemple, la diadelphie qui renferme des plantes dont les fleurs ont tantôt six, tantôt huit, tantôt dix étamines réunies par leurs filamens en deux corps, se divise en trois ordres, diadelphie hexandrie, diadelphie octandrie, diadelphie décandrie.

La dix-neuvième classe syngénésie, est divisée en autant d'ordres qu'il y a de différentes espèces de polygamie dans les fleurs composées. Premier ordre, polygamie égale, tous les fleurons ou tous les demi-fleurons hermaphrodites, comme dans le chardon, la laitue. Second ordre, polygamie superflue, fleurons hermaphrodites dans le centre, fleurons ou demi-fleurons femelles, fertiles, à la circonférence, comme dans la tanaisie, l'aster. Troisième ordre, polygamie frustranée, fleurons hermaphrodites dans le centre, fleurons ou demi-fleurons neutres, c'est à-dire. femelles stériles à la circonférence, comme dans la centaurée, le soleil. Quatrième ordre, polygamie nécessaire, fleurons du centre simplement mâles ou hermaphrodites stériles, fleurons ou demi-fleurons, de la circonférence femelles et fertiles, comme dans le filago, le souci. Cinquième ordre, polygamie séparée, un ou plusieurs fleurons dans des calices partiels, qui sont portés sur un réceptacle commun; ces fleurons ne sont pas toujours tous hermaphrodites, comme dans le sphæranthus. Sixième ordre, monogamie, fleurs qui, sans être composées de fleurons, ou qui étant simples, ont leurs étamines réunies en cylindre, par leurs anthères, comme dans la violette, la balsamine.

Les classes suivantes, à l'exception de la vingt-quatrième, tirent la distinction de leurs ordres des caractères classiques de toutes les classes qui les précèdent. Par exemple, la vingt-unième classe, monoécie, est divisée en monoécie monandrie, diandrie, monadelphie, syngénésie, gynandrie, parce qu'elle comprend des fleurs qui ont quelquefois une étamine, quelquefois deux, etc.; quelquefois les étamines sont réunis par leurs filets en un seul corps, ce qui constitue la monoécie monadelphie; quelquefois les étamines sont réunies par leurs anthères en forme de cylindre, ce qui fait la monoécie syngénésie; ou bien encore les étamines s'insèrent dans le lieu qu'occuperait le pistil, si la fleur était hermaphrodite, ce qui établit la monoécie gynandrie.

Enfin la vingt-quatrième classe, ou cryptogamie ne pouvant fournir des divisions tirées des parties de la fructification, a été

Méthode naturelle de Jussieu.

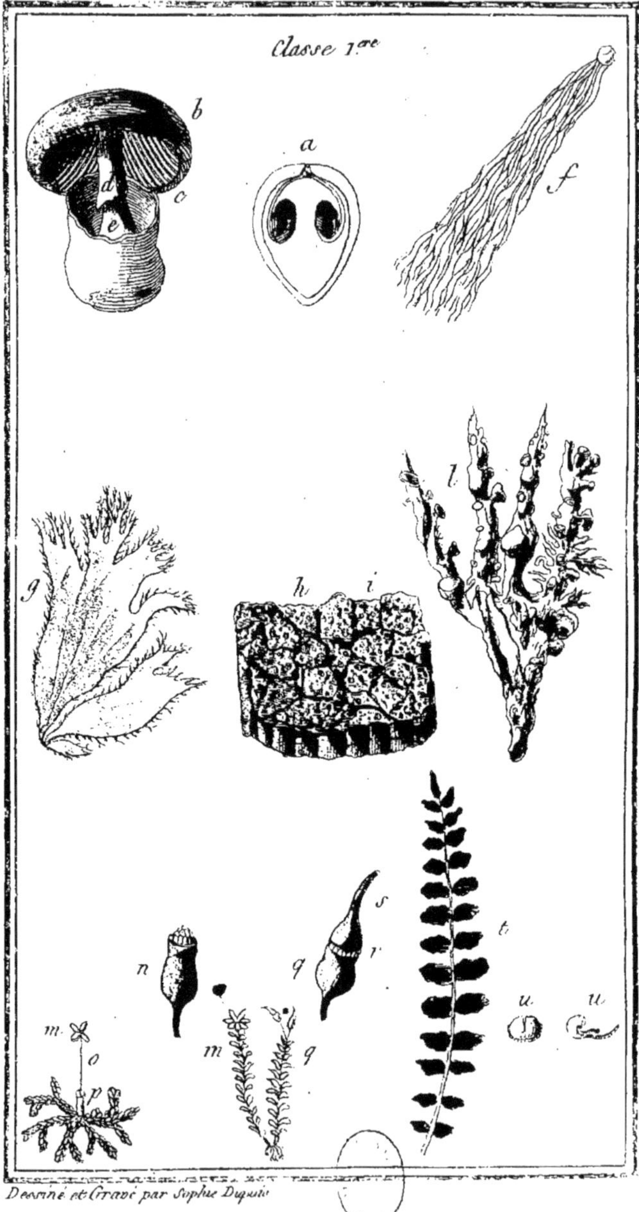

partagée en quatre familles faciles à distinguer, savoir; les champignons, les algues, les mousses et les fougères.

CHAPITRE XI.

Méthode naturelle.

La méthode naturelle est celle qui rapproche et unit par un lien indivisible toutes les plantes qui croissent sur le globe, et qui s'élève sans interruption, et par une gradation insensible, de la plante la plus simple à la plus composée. Pour parvenir à ce but, elle fait usage de tous les caractères que peuvent fournir les différens organes des plantes. Elle pèse leurs affinités, elle conduit, par une voie plus longue, mais plus sûre, à la connaissance parfaite des végétaux.

Le nom de Jussieu est inséparable de la méthode naturelle, puisque cet auteur est le seul qui, en traçant les affinités des végétaux, ait développé dans toute leur étendue les principes qui l'ont guidé, soit dans ses recherches, soit dans les rapprochemens qu'il a jugés conformes à la marche de la nature. Les loix, d'après lesquelles Linnæus a établi ses fragmens d'ordres naturels, n'ont jamais été exposées par leur auteur, et la méditation la plus profonde ne peut conduire à les découvrir. Il paraît cependant certain que tous les caractères, de quelque valeur qu'ils fussent, ont été indifféremment employés. Les familles naturelles d'Adanson ont été travaillées avec beaucoup de soin ; on n'y rencontre point de discordances frappantes; elles sont, au contraire, enrichies par la réunion de plusieurs genres, qui ont beaucoup d'analogie, mais les caractères qui ont été employés pour distribuer ces familles, sont purement généraux, et on ignore, comme dans les fragments de Linnæus, d'après quelle loi ils ont été établis.

On entend par famille naturelle un groupe ou une série de genres qui se ressemblent dans le plus grand nombre de leurs caractères, et sur-tout dans ceux qui sont regardés comme principaux ; il existe des familles évidemment, naturelles telles que les graminées, les liliacées, les labiées, les composées, les ombellifères, les crucifères, les légumineuses, etc. Les rapports frappans qui unissent les végétaux que les familles renferment semblent nous indiquer qu'il existe une route, tracée par la nature, pour conduire à la connaissance de ses productions.

C'est dans l'ouvrage publié par A. L. Jussieu, qu'il faut étudier la méthode naturelle, il n'est pas possible de lui donner dans un traité élémentaire tout le développement nécessaire pour en faire sentir le mérite. Nous nous bornerons à faire connaître la manière dont les caractères ont été envisagés, les principes sur lesquels la méthode est

fondée

fondée et les différens organes qui ont fourni les divisions.

Les caractères employés dans la méthode naturelle sont puisés dans la nature, et ne sont point arbitraires, comme ceux qu'emploient les auteurs systématiques. A. L. Jussieu regarde les caractères comme le seul et l'unique but des recherches du botaniste, il pense qu'on doit les considérer quant à leur nombre, leur valeur, et leur affinité.

Quant à leur nombre ; les caractères les plus simples, réunis plusieurs ensemble, forment des caractères composés. De l'agrégation des caractères composés résultent les caractères généraux ; et de l'ensemble des caractères généraux se forme le caractère universel. C'est ainsi qu'on parvient à saisir la physionomie propre du végétal, son port ou sa nature extérieure.

Quant à leur valeur ; parmi les organes des plantes, il en est dont les fonctions sont plus essentielles : par exemple, les fonctions de la plupart des organes conservateurs sont moins importantes que celles des organes qui concourent à la reproduction, et parmi ces derniers, les étamines, les pistils, et sur-tout l'embryon de la semence sont plus essentiels que le calice et la corolle ; d'où il résulte que généralement les premiers caractères, tirés des étamines et des pistils, ont plus de valeur que ceux que fournissent le calice et la corolle ; de même que les principaux caractères tirés du calice et de la corolle, l'emportent sur ceux que fournissent les racines, les tiges, les feuilles, etc.

Quant à leur affinité mutuelle; il est des caractères inséparables, réunis par l'affinité la plus étroite; tels sont principalement ceux que l'on tire de la fleur et du fruit. Ainsi le germe inférieur suppose toujours le calice supérieur et monophylle; le germe supérieur nécessite le calice inférieur. Ainsi la corolle monopétale indique presque toujours qu'elle porte les étamines, et que les étamines sont en nombre déterminé.

Quand on connaît le nombre et la valeur des caractères, on s'en sert pour déterminer ceux qui conviennent aux espèces, aux genres, aux ordres et aux classes. Les principes qui doivent diriger cette détermination ne sont point arbitraires, ils sont invariables et gravés, pour ainsi dire, sur le front des plantes.

Le premier principe qui a paru devoir servir de base à la science, est celui-ci: *rapprocher les êtres qui se ressemblent dans le plus grand nombre de leurs parties*. Ce principe n'a besoin que d'être énoncé pour être reconnu vrai et naturel; déjà on en a fait l'application en réunisant sous l'espèce tous les individus semblables dans toutes leurs parties. En s'élevant graduellement, on a de même rapproché les espèces semblables dans le plus grand nombre de leurs parties. Mais la nature qui a doué les végétaux de divers organes qui servent à leur conservation et à leur reproduction, n'a pas donné à ces organes un égal degré d'importance, les uns sont plus essentiels, les autres le sont moins. Dans chaque organe il existe encore diverses considérations d'un intérêt majeur ou d'un intérêt moindre; il en résulte qu'il doit exister une valeur différente dans les caractères tirés des divers organes ou des diverses considérations de chaque organe. De là résulte le second principe : *Dans l'énumération ou l'addition des caractères, chacun d'eux doit être calculé ou additionné, non comme une unité, mais suivant sa valeur relative, de sorte qu'un seul caractère d'un ordre superieur équivale à plusieurs caractères d'un ordre inférieur.* Ce second principe très-certain a peut-être besoin de quelques exemples pour être bien compris, et de quelques preuves pour être confirmé. Ces exemples et ces preuves se trouvent dans les genres que tout le monde reconnaît comme très-naturels et qui sont plus spécialement fondés sur certains caractères que la nature semble préférer à d'autres. Tels sont en général les caractères de la fructification et parmi ceux-ci elle fait encore un choix. Ce même principe s'applique non-seulement à la formation des genres, mais encore à celle des ordres et des classes; en calculant toujours la valeur relative des caractères, on est conduit naturellement à réserver ceux qui ont une plus grande valeur pour former les plus grandes divisions, et l'on parvient à établir, pour ainsi dire, plusieurs castes, ou hiérarchies de caractères, qui ont une valeur différente. D'après l'analyse des genres et des familles reconnues comme très-naturelles, on peut distinguer quatre divisions principales des caractères. La première contiendra ceux qui sont essentiels, invariables, toujours uniformes, tirés des organes essentiels; tels sont la structure de l'embryon, et la position respective des organes sexuels, que l'observation démontre conforme dans les familles avouées. Ainsi dans les graminées, l'embryon est toujours à un lobe, et les étamines sont constamment hypogynes. La seconde division présentera les caractères généraux, presque uniformes, et variables seulement par exception, tirés des organes non-essentiels; tels sont la présence ou l'absence du périsperme du calice et de la corolle, lorsqu'elle ne porte pas les étamines, la structure de la corolle considérée comme monopétale ou polypétale, la situation respective du calice et du pistil, et la nature du périsperme. Ainsi la corolle est presque toujours conforme dans le même ordre; nulle dans les graminées et les liliacées, monopétale dans les labiées et les composées, polypétale dans les ombellifères, les crucifères, les légumineuses, cependant elle est quelquefois monopétale dans les légumineuses, comme dans le trèfle, nulle dans les crucifères comme dans le lépidium, le cardamine. Voilà l'exception: donc le caractère tiré de la corolle ne doit être regardé que comme presque uniforme. Il en est de même du calice qui est supérieur au germe dans les ombellifères et les composées, inférieur dans les graminées, les labiées, etc. tandis que dans les liliacées, il est tantôt supérieur tantôt inférieur, donc le caractère tiré du calice est un caractère presque uniforme, etc. La troisième division offre les caractères constans dans une famille, inconstans dans une autre, et qui n'offrent en quelque manière qu'une demi uniformité. Ces caractères sont tirés, soit des organes essentiels, soit de ceux qui ne le sont pas; tels sont, le calice monophylle ou polyphylle, le germe simple ou multiple, le nombre, la proportion et la réunion des étamines, la manière dont le fruit s'ouvre, le nombre des loges, la situation des fleurs et des feuilles, la nature de la tige ligneuse ou herbacée, etc. Ces caractères n'acquièrent de valeur que par leur réunion, tandis que les secondaires ont par eux-mêmes une certaine importance, et que les primaires en ont une très-grande. La quatrième division, qui est la plus nombreuse, renferme tous les autres caractères inconstans, jamais uniformes dans une famille; propres seulement à distinguer les espèces et quelquefois à concourir aux distinctions génériques.

Faisons l'application de ces principes à une famille reconnue comme très-naturelle

Dans les crucifères, les caractères primaires et uniformes sont l'embryon à deux lobes et les étamines hypogynes. Les caractères secondaires presqu'uniformes sont l'absence du périsperme, l'existence du calice inférieur au germe, la corolle hypogyne et polypétale, les semences insérées à un double réceptacle latéral et opposé. Les caractères tertiaires demi uniformes sont le calice quadriphylle et caduque, quatre pétales alternes avec les folioles du calice, six étamines tétradynames, le germe simple, le fruit siliqueux à deux valves et deux loges, les feuilles alternes et les fleurs terminales. Ces derniers caractères peuvent varier chacun séparément, ainsi quelquefois le calice persiste, des étamines avortent, le fruit à une ou trois loges ne s'ouvre point, les feuilles sont opposées et les fleurs axillaires. En examinant de même les autres ordres bien connus, on trouvera la même progression de valeur dans les caractères.

C'est ainsi qu'en calculant la valeur relative des caractères, on suit la marche de la nature, sans la contrarier en aucun point; et l'on parvient, en l'etudiant perpétuellement dans ses rapprochemens les plus faciles à saisir, à en former de nouveaux, suivant le même modèle, et à concevoir l'ensemble de ce qu'on appelle la méthode naturelle.

D'après les principes énoncés, et la classification des caractères déterminée par l'analyse précédente, il est évident que les caractères les plus généraux et les moins variables des plantes, devant être tirés des organes les plus essentiels, et de la modification la plus importante de ces organes, c'est dans l'embryon que le botaniste doit chercher les premières divisions des plantes. En effet, c'est pour l'embryon seul que se forme tout l'appareil de la fructification, c'est l'embryon qui par-tout est l'objet des soins les plus recherchés de la nature, lui seul doit reproduire une nouvelle plante dont il est pour ainsi dire l'abrégé, et c'est en lui que l'ensemble de tous les caractères est concentré, puisqu'il contient les rudimens de tous les organes.

L'embryon est rarement dénué de lobes ou cotylédons, quelquefois il n'en a qu'un seul, mais le plus souvent il en a deux. Cette différente manière d'exister de l'embryon établit trois grandes divisions parmi les végétaux, savoir les acotylédons, les monocotylédons, et les dicotylédons. C'est ainsi que dans les productions organiques animales, les oreillettes et les ventricules du cœur fournissent par leur variation les principaux caractères qui distinguent les quadrupèdes, les poissons et les insectes. Avec un peu d'habitude on distingue les plantes acotylédones, les monocotylédones, et les dicotylédones; sous le nom d'acotylédones, on comprend les plantes dont les organes sexuels ne sont pas très-visibles (on les appelle aussi cryptogames); la division des monocotylédones renferme un petit nombre de familles, telles que les palmiers, les graminées, les souchets et les liliacées. Toutes les autres plantes sont dicotylédones.

Il n'est pas plus nécessaire pour s'assurer si une plante est acotylédone, monocotylédone ou dicotylédone d'être témoin de sa germination, qu'il n'est nécessaire de disséquer un quadrupède qu'on n'a jamais vu pour s'assurer si son cœur est à deux oreillettes et à deux ventricules.

Les organes qui, après l'embryon, tiennent le premier rang, sont les étamines et les pistils. Ces deux organes pris séparément ne peuvent fournir aucun caractère constant. Ainsi, dans la reproduction végétale, ils n'ont de puissance et de valeur qu'en réunissant leurs forces. Donc, de tous les caractères que ces deux organes peuvent fournir, le seul vraiment important, est celui qui est commun aux deux. Il se tire de leur disposition respective, caractère qui est exprimé par l'insertion des étamines, laquelle suppose toujours la position relative du pistil.

La position des étamines est sujette à trois différences qui dépendent de la situation de ces mêmes étamines, eu égard au pistil. Ainsi les étamines sont portées sur le pistil même (épigynes.) ou placées sous cet organe, (hypogynes) ou insérées sur le calice qui environne le pistil (périgynes.); ces trois insertions très-distinctes ne sont jamais confondues dans le même ordre. L'insertion est constamment épigyne, dans les ombellifères, etc.; hypogyne, dans les crucifères, les graminées, etc.; périgyne, dans les légumineuses, les liliacées etc.

Il est une autre insertion nommée épipépétale, ou insertion sur la corolle; tantôt elle existe seule dans des ordres entiers, tels que les labiées et les composées; tantôt elle se rencontre, quoique très-rarement, dans le même ordre, dans le même genre et presque sur la même fleur, avec les trois autres insertions. Ainsi les étamines, périgynes dans les légumineuses, sont épipétales dans quelques espèces de mimosa, de trèfle. Ainsi, dans la fleur de l'œillet et de ses congénères, il y a souvent cinq étamines épipétales et cinq hypogynes. On n'est pas surpris de ces différences, lorsqu'on réfléchit sur l'affinité de la corolle et des étamines, lorsqu'on observe que la corolle, espèce d'appendice des étamines, doit, dans le cas de cette insertion, être regardée comme un simple support intermédiaire, dont l'insertion, par cela même, détermine celle des étamines. De cette observation dérive naturellement le principe suivant : *l'insertion des étamines sur la corolle doit être censée la même que celle des étamines sur la partie qui soutient pour lors la corolle.* La corolle donne donc lieu à deux modes d'insertion; l'insertion est immédiate, lorsque les étamines sont attachées immédiatement à l'un des trois points énoncés ci-dessus; l'insertion est médiate, lorsque les étamines sont portées sur la corolle qui, dans ce cas, répond à l'un de ces trois points. Ces deux insertions réunies quelquefois dans le même genre et dans la même fleur, n'infirment pas la valeur du caractère essentiel, pourvu que l'origine de l'insertion soit la même pour les étamines et pour la corolle staminifère. Il y a donc trois insertions principales, entièrement distinctes les unes des autres, et jamais réunies dans les ordres, quoiqu'elles paraissent l'être quelquefois.

L'insertion des étamines étant démontrée invariable, et les lois qui la concernent étant établies, on en déduit facilement la première sous-division des trois grandes distributions faites par la nature en acotylédones, monocotylédones et dicotylédones. Les acotylédones n'offrant point d'organes sexuels apparents, et contenant un moindre nombre d'ordres et de genres ne forment qu'une seule classe. Les monocotylédones privées toujours de corolle se divisent en trois classes, en raison des trois insertions. La même division a lieu pour les dicotylédones; mais chacune de ses divisions renferme l'insertion immédiate et l'insertion médiate.

Voilà donc sept classes établies, d'après les caractères uniformes d'organes essentiels.

Cette seconde distribution des végétaux est remarquable par sa conformité avec la division des animaux. Toutes deux sont établies sur les principaux caractères que fournissent les organes essentiels. Les productions organiques végétales et les productions organiques animales peuvent être comparées à des rameaux produits par le même tronc. Elles sont également sujettes, dès leur naissance, à des loix constantes et invariables. Il était donc nécessaire que, dans leur classification, les divisions primaires et secondaires fussent tirées des organes correspondants et les plus essentiels.

Dans le plan de divisions secondaires que nous venons de tracer, et qui est celui d'après lequel B. Jussieu avait distribué les ordres ou familles dans le jardin de Trianon, les plantes dicotylédones, quoique partagées en trois classes, étaient encore trop nombreuses pour ne pas exiger de nouvelles subdivisions. Mais comment parvenir à caractériser de nouvelles coupes, après avoir épuisé les caractères primaires ? Une connaissance profonde, raisonnée et ingénieusement combinée des caractères et de leur valeur a applani les difficultés. Les caractères secondaires ont été employés sans eufreindre les loix de la nature, et sans rompre les liens qui unissent les ordres qu'elle a manifestement grouppés. Parmi ces caractères secondaires, les uns, tels que l'existence et l'insertion de la corolle staminifère, tiennent de si près aux caractères essentiels, qu'ils semblent partager leur immutabilité; les autres, tels que la corolle, considérée comme monopétale ou comme polypétale, et sa situation, lorsqu'elle ne porte pas les étamines, sont voisins des caractères primaires, ne participent qu'à demi à leur immutabilité, et sont réputés caractères généraux, quoiqu'ils varient quelquefois par exception. Lorsque la corolle ne porte pas les étamines, elle ne fournit aucun caractère important; mais elle en donne un essentiel lorsque les étamines y sont insérées. On a remarqué que la corolle monopétale est presque toujours staminifère, tandis que la polypétale ne l'est presque jamais, et qu'elle naît le plus souvent des mêmes points que les étamines; d'où l'on peut conclure, qu'à quelques exceptions près, on peut déduire l'insertion des étamines de l'insertion et du nombre des parties de la corolle.

La corolle qui a tant d'analogie avec les étamines, peut donc fournir de nouveaux caractères essentiels, ou du moins généraux, au moyen desquels on détermine de nouvelles divisions des classes. Cette observation explique pourquoi le système de Linnæus est moins naturel que la méthode de Tournefort. Linnæus n'a recueilli des étamines, qui sont un organe essentiel, que des caractères de troisième valeur, en établissant ses classes sur le nombre, la proportion, etc. de ces mêmes étamines; Tournefort, au contraire, en distinguant les apétales, les monopétales et les polypétales, s'attacha à des caractères secondaires, et suivit en partie, sans le savoir, la loi des insertions. Le sexe des plantes n'étant pas géneralement adopté de son temps, il avait négligé les étamines et leur rapport avec la corolle. A. L. Jussieu fait valoir les caractères que Tournefort avait passé sous silence ; il a trouvé dans la corolle un moyen simple de multiplier les classes sans s'écarter des loix de la nature.

Il faut rappeller ici les deux modes d'insertion des étamines, savoir l'insertion immédiate, et l'insertion médiate qu'il ne faut pas confondre, comme dans la seconde division. L'insertion médiate suppose nécessairement l'existence de la corolle, alors considérée comme support des étamines. L'insertion immédiate a lieu, sans la participation de la corolle, dans l'un des trois points désignés. Mais cette insertion est ou essentiellement, ou simplement immédiate. Elle est essentiellement immédiate, lorsqu'il n'excite pas de corolle, et elle est simplement immédiate, si la corolle existe ; parce que dans ce dernier cas, la corolle ayant une origine commune avec les étamines, et ces deux organes étant rapprochés par leurs bases, il est évident qu'ils peuvent contracter quelquefois entre eux une adhérence.

L'observation fait connaître que généralement, lorsque la corolle porte les étamines elle est monopétale ; d'où il résulte que corolle monopétale et insertion médiate sont, à quelques exceptions près, deux caractères qui marchent ensemble, et que l'un suppose l'autre. L'insertion est essentiellement immédiate lorsque la corolle n'existe pas ; d'où il suit que cette insertion et la fleur apétale sont deux signes toujours liés, et qu'on peut substituer l'un à l'autre. L'insertion simplement immédiate suppose une corolle, et l'expérience démontre que la corolle qui ne porte pas les étamines est ordinairement polypétale, d'où il suit que corolle polypétale et insertion simplement immédiate, sont des caractères unis entre eux. On peut donc substituer avec avantage, aux termes ou caractères d'insertion médiate, d'insertion simplement ou absolument immédiate, ceux de corolle monopétale, polypétale ou nulle, qui sont leurs représentants et qui annoncent généralement leur existence.

Ce nouveau plan est plus vaste, plus étendu que la méthode suivie dans les jardins de Trianon; il offre un moyen de multiplier les classes, conserve en entier les familles naturelles, emploie les principaux caractères tirés de la corolle par Tournefort; enfin il est fondé sur le caractère solide et immuable de l'insertion des étamines.

Revenons maintenant sur toutes les divisions fournies par les caractères ci-dessus énoncés.

La première division est celle des acotylédones; elle restera indivisible tant que l'organisation de ces plantes ne sera pas parfaitement connue. Les organes sexuels sont peu distincts dans la plupart d'entre elles, et quelques botanistes pensent qu'ils sont souvent portés chacuns sur des individus différents. Aussi est-il presque impossible d'observer leur insertion, et d'essayer des divisions dans cette classe, où l'on s'est borné à ranger les genres analogues, dans différens ordres.

Les monocotylédones, privées de corolle, n'offrent que l'insertion absolument immédiate; mais cette insertion étant ou hypogyne, ou périgyne, ou épigyne, la division des monocotylédones se partage en trois classes. La division des dicotylédones qui renferme dix fois plus de plantes que celles des acotylédones et des monocotylédones, exige un plus grand nombre de classes, et ces classes sont fournies par la corolle considérée comme non existante, comme monopétale ou comme polypétale.

Les dicotylédones apétales suivent immédiatement les monocotylédones, qui de même sont toutes apétales; elles sont également divisées en trois classes, en raison de leur insertion qui est épigyne, périgyne ou hypogyne.

Viennent ensuite les dicotylédones monopétales, dont les étamines sont presque toujours épipétales, et changent à peine leur insertion propre; mais on substitue l'insertion des ètamines à celle de la corolle qni est épigyne, périgyne ou hypogyne. Remarquons de plus que dans l'insertion épigyne, ou bien les anthères, sont réunies, comme dans les composées, ou bien elles sont parfaitement libres; ainsi les dicotylédones monopétales fournissent quatre classes; savoir, celle où l'insertion de la corolle est périgyne, celle où l'insertion est hypogyne, celle où l'insertion est épigyne, les anthères étant réunies, celle où l'insertion est également épigyne, les anthères étant libres.

Les dicotylédones polypétales sont encore considérées par rapport aux trois insertions, et sont divisées en trois classes ; savoir dicotylédones épigynes, dicotylédones périgynes, dicotylédones hypogynes. Il faut remarquer que dans ces trois classes, les étamines sont rarement portées sur les pétales, et que si elles y sont insérées, le point d'insertion des pétales est celui que les étamines devaient avoir.

Enfin, l'ensemble de la méthode est terminé par les plantes diclines qui ne peuvent être soumises à la loi des insertions, puisque les organes sexuels sont séparés et résident dans différentes fleurs. Ces plantes ne doivent pas être confondues avec celles qui ne sont diclines que par accident ou par avortement, et qu'il faut placer à côté des hermaphrodites dont elles sont congénères.

Ces onze classes des dicotylédones réunies à celles des acotylédones et aux trois fournies par les monocotylédones, forment en tout quinze classes, parfaitement distinctes, dont aucune, si ce n'est dans des exceptions très-rares, n'interrompt la suite des ordres naturels.

Telle est la méthode de A. L. Jussieu, elle est à-peu-près la même que celle qui fut tracée dans le jardin de Trianon, par le célèbre Bern. de Jussieu, son oncle. Ces deux méthodes,

thodes, qui ont également pour but le développement de la marche de la nature; ne diffèrent qu'en ce que dans la nouvelle, pour applanir les difficultés de la science, on a élevé à onze les divisions des plantes dicotylédones, portées seulement à trois dans celle de Trianon. Chaque classe est divisée en un plus ou moins grand nombre de familles.

Mais quels sont les caractères qui ont présidé à la distribution de ces familles ?

Dans le développement des deux principes qui servent de base à la méthode naturelle, on a vu que les caractères essentiels et invariables, ayant une valeur plus grande que tous les autres, devaient nécessairement servir à déterminer les premières grandes divisions. On a vu ensuite qu'en calculant la valeur des caractères, ceux que l'on nomme généraux, et qui tiennent le premier rang après les essentiels, sont impérieusement désignés par la nature pour présider aux premières subdivisions. Ces caractères du second ordre sont l'existence ou l'absence du périsperme, du calice et de la corolle, lorsqu'elle ne porte pas les étamines, la structure de cette corolle considérée comme monopétale ou polypétale, la situation mutuelle du calice et du pistil, la nature du périsperme quand il existe. On a montré que ces caractères généralement constans, varient cependant par exception, ce qui diminue leur valeur et les place au second rang. Mais lequel de ces caractères doit passer le premier dans l'ordre naturel ?

Comme il y a une liaison, un rapport entre l'existence de la corolle staminifère, qui tient un rang supérieure, et la structure de cette corolle, considérée comme monopétale, polypétalle ou nulle, on a employé le caractère tiré de ces considérations pour les premières subdivisions. Il n'est cependant pas démontré que ce caractère soit le premier parmi ceux du second ordre. Sa liaison intime avec un caractère du premier ordre, est seulement une induction en sa faveur; on peut lui accorder la primauté jusqu'à nouvel ordre, et jusqu'à ce que de nouvelles observations aient fixé un rang invariable à chacun des caractères du second ordre. Mais après lui, quel est le caractère que les observations font reconnaître comme le plus important, comme celui qui doit présider aux divisions du troisième ordre, ou de la distribution des familles dans les classes. Est-ce la situation respective du calice et du pistil, ou l'existence et la nature du périsperme ? Le premier de ces deux caractères est toujours uniforme dans plusieurs classes, et n'offre des différences que dans le cas des insertions périgynes, et dans ce dernier cas, on le voit varier dans une même famille, comme dans les rosacées, les narcisses, les ficoides, les mélastomes, et en général dans celles dont le calice tubulé, recouvrant le pistil, tantôt contracte avec lui une adhérence, tantôt lui est seulement superposé sans adhérence.

Le caractère du périsperme, l'un des plus constans, est généralement uniforme dans toutes les classes, cependant il offre quelques variations remarquables. Dans quelques familles qui paraissent très-naturelles, telles que les jasmins, les azedaraches, les légumineuses, une partie des genres manque de périsperme, une autre est munie d'un périsperme charnu, si toutes fois on doit donner ce nom à un renflement charnu de la membrane intérieure, appliquée immédiatement sur l'embryon. Le vrai périsperme est celui qui existe indépendamment des deux membranes. Le vrai périsperme est ordinairement de même nature dans toute une famille, et des rapprochemens heureux, faits par son moyen, semblent prouver qu'il mérite de présider aux divisions du troisième ordre, et que le caractère qu'il fournit a une grande valeur. C'est celui qu'a employé Jussieu dans ses diverses polypétales, ses apétales périgynes, ses apétales diclines ou irrégulières, et l'on a pû observer que plusieurs de ses rapprochemens sont assez heureux et très-naturels. Il l'a négligé comme caractère supérieur dans ses monopétales hypogynes; mais il dit lui-même, dans son *genera*, pag. 95, que la structure intérieure de la graine dans cette classe n'était pas encore suffisamment connue, et il paraît que lorsqu'un examen attentif aura completté les connaissances sur ce point, cette structure pourra devenir la base de la distribution des monopétales. Les observations précieuses faites par Gaërtner seront d'un grand secours dans ce travail digne d'occuper les véritables naturalistes. La carpologie ou le traité des fruits publié par ce célèbre étranger, tend à perfectionner la méthode naturelle, et l'on doit souhaiter que la structure des fruits et des graines qu'il n'a pas examinées, soit décrite par un botaniste, aussi bon observateur et également laborieux.

Si maintenant on veut connaître comment Jussieu a employé le caractère tiré de la structure intérieure de la graine pour la distribution des familles, on verra que dans la classe des polypétales périgynes les ordres qui ont un périsperme farineux ou presque farineux, passent les premiers pour etablir une affinité avec le dernier ordre de la classe précédente, tels sont les joubarbes, les saxifrages, les portulacées, les ficoides. A leur suite paraissent les ordres dénués de périsperme, tels que les onagres, les myrtes, les mélastomes, les salicaires, les rosacées, les légumineuses et les térébintacées. L'ordre des nerpruns se distingue de tous les précédens par un périsperme charnu qui le rapproche des euphorbes, premier ordre de la classe suivante. Les groupes d'ordres ainsi formés sont très naturels, et plus on les observera avec attention, plus on reconnaîtra qu'il serait difficile de les décomposer et qu'on peut tout au plus dans chaque groupe faire une autre distribution partielle (voyez le *Généra* de Juss. 306.)

Cette importance du périsperme est encore confirmée par les propriétés résultantes de sa présence ou de son absence. (p. 392 et 393). Lorsque l'embryon est enveloppé d'un périsperme charnu, il acquiert une propriété délétère et éminemment purgative ; au contraire, il est beaucoup moins actif, ou il ne l'est point du tout, lorsqu'il est dénué de périsperme. Ainsi les observations du médecin, et celles du naturaliste, concourent à appeller l'attention sur la structure intérieure de la graine, et à prouver l'importance du caractère qu'elle fournit, caractère qui tient un des premiers rangs dans l'ordre naturel.

Nous n'insisterons pas sur les autres avantages qui résultent de l'étude des végétaux, selon la méthode naturelle ; Jussieu en a détaillé quelques-uns dans la *præmium* qui se trouve à la tête de son *genera*. Nous invitons le lecteur à puiser les vrais principes de la science dans cette source pure et féconde.

Graces au travail des auteurs qui se sont occupés de la méthode naturelle, la botanique ne sera plus regardée comme une science de nomenclature, plus propre à soulager la mémoire, qu'à enrichir l'esprit de connaissances solides. Celui qui se plaît à contempler la nature, celui qui veut l'étudier dans les végétaux qui couvrent la surface de la terre est tenu de rechercher tous les caractères qu'ils peuvent fournir, et de pénétrer dans leur organisation la plus intime. Cette manière de considérer la science, est la seule véritable, la seule qui puisse satisfaire l'esprit, alimenter l'imagination, agrandir les idées. Elle n'offre pas d'abord les mêmes facilités aux commençants, mais celui qui a bravé les premières difficultés qu'elle présente, ne peut se résoudre à suivre la route systêmatique; il voit la différence entre une science factice et la science de la nature.

Méthode naturelle.

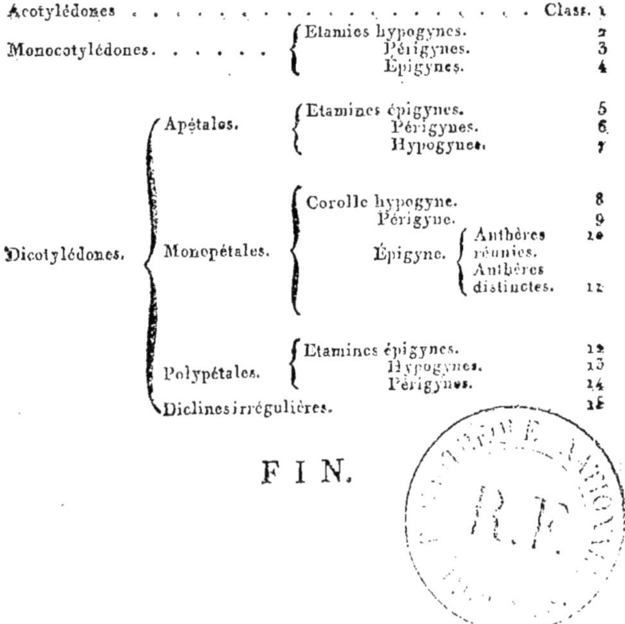

				Class.
Acotylédones				1
Monocotylédones		Etamines hypogynes.		2
		Périgynes.		3
		Épigynes.		4
Dicotylédones.	Apétales.	Etamines épigynes.		5
		Périgynes.		6
		Hypogynes.		7
	Monopétales.	Corolle hypogyne.		8
		Périgyne.		9
		Épigyne.	Anthères réunies.	10
			Anthères distinctes.	11
	Polypétales.	Etamines épigynes.		12
		Hypogynes.		13
		Périgynes.		14
	Diclines irrégulières.			15

FIN.

Suite de la Méthode Naturelle de Jussieu

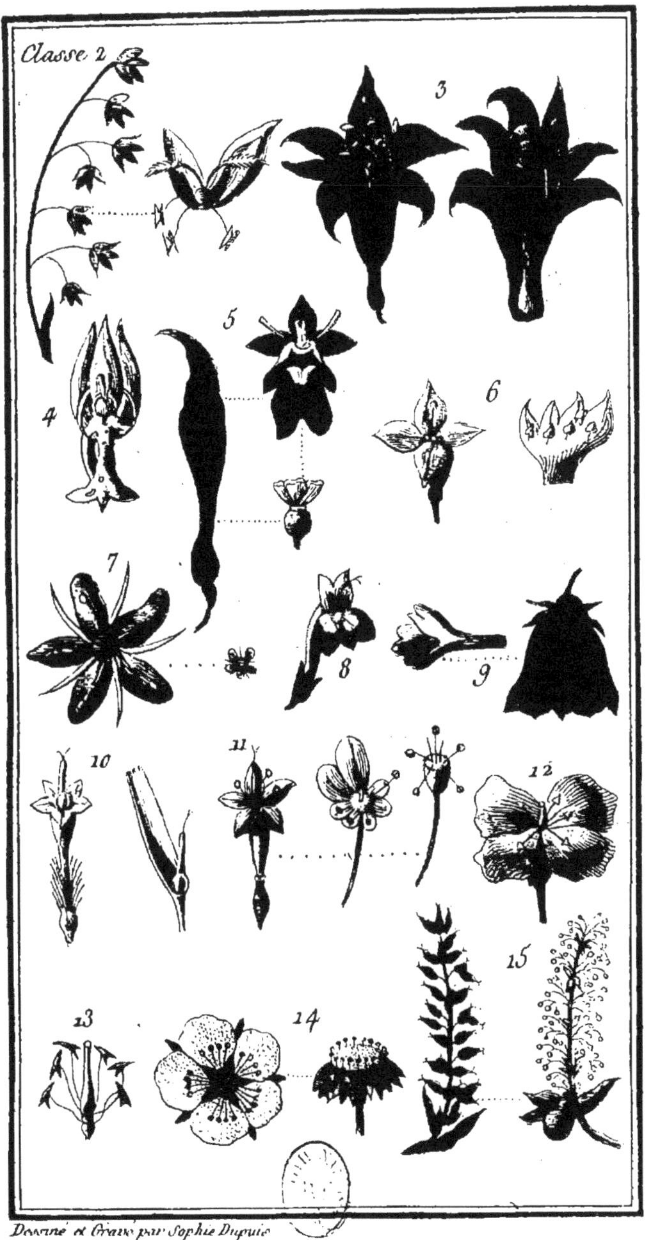

Dessiné et Gravé par Sophie Dupuis

TABLE
DES MATIÈRES.

A.

B.

O 4

Fin de la Table des Matières.

ERRATA.

PAGES 78, *ligne* 4, sotlonifère : *lisez* stolonifère.
110, *l.* 15, (6. *b*) : *lisez* (6. *a*).
112, *l.* 3, (8) : *lisez* (58).
114, *l.* 18, (56) : *lisez* (56 *bis.*)
117, *ligne dernière*, (6. *a*) : *lisez* (6).
129, *l.* 17, (57. *b*) : *lisez* (58).
134, *l.* 3, *fig.* 57 : *lisez fig.* 60.
144, *l.* 18, (76. *c*) : *lisez* (74. *c*).
146, *l.* 3, (73. *d*) : *lisez* (78. *d*).
147, *l.* 15, *ajoutez fig.* 83.

www.ingramcontent.com/pod-product-compliance
Ingram Content Group UK Ltd.
Pitfield, Milton Keynes, MK11 3LW, UK
UKHW012018240726
13965UKWH00002B/430